基礎から学ぶ
チーム開発の成功法則

チームビルディング、コミュニケーション、ツール活用、コーディング、
コードレビュー、デザイン、テスト、継続的インテグレーションまで

渡辺 龍司・荻野 博章 [著]

本書のサポートサイト

本書の補足情報、訂正情報などを掲載してあります。適宜ご参照ください。

http://book.mynavi.jp/supportsite/detail/9784839960230.html

- 本書は2016年11月段階での情報に基づいて執筆されています。
  本書に登場するソフトウェアやサービスのバージョン、画面、機能、URL、製品のスペックなどの情報は、
  すべてその原稿執筆時点でのものです。
  執筆以降に変更されている可能性がありますので、ご了承ください。

- 本書に記載された内容は、情報の提供のみを目的としております。
  したがって、本書を用いての運用はすべてお客様自身の責任と判断において行ってください。

- 本書の制作にあたっては正確な記述につとめましたが、
  著者や出版社のいずれも、本書の内容に関してなんらかの保証をするものではなく、
  内容に関するいかなる運用結果についてもいっさいの責任を負いません。あらかじめご了承ください。

- 本書中の会社名や商品名は、該当する各社の商標または登録商標です。
  本書中では™および®マークは省略させていただいております。

はじめに

　iPhoneやAndroidのアプリケーションストアが公開された当初は、個人が開発したアプリケーションが多数あり、企業によるアプリケーション開発も属人的な開発手法が用いられているケースも多い状況でした。しかし、市場が徐々に成熟するに従い、個人が開発できる範囲を超え、必然的にチーム開発が主流となっています。一昔前のWebアプリケーションと同じく、大規模サービスが徐々に増えるにつれチーム開発が必然になり、現在では小規模なサービスでもチームでの開発が当たり前になっています。

　業務系のシステムではどうでしょうか。業務系の開発は大型システムを構築することが多く、勘定系システムになると、複数の企業で役割を分担して大規模なチームを編成することも珍しくありません。この通り、昨今のソフトウエア開発ではもはやチーム開発が当たり前です。また、大手と呼ばれる企業の一部には、豊富な人的資源と共に、チーム開発におけるいろいろな手法を試し、企業内で標準ルールを策定している組織もあります。

　しかし、中小企業やツール系などの小規模アプリケーションを開発する企業では、なかなかチーム開発を研究する余裕もなく、チームで開発しているといっても、実際には何となく役割を分担して、試行錯誤しながら開発しているのが現状でしょう。

　本書の内容は、「スクラムを使おう！」「アジャイルは素晴らしいので即導入だ！」といった趣旨ではありません。スクラムマスターやアジャイル開発で実績を積んでいる読者が対象ではなく、スクラムを導入してみたけどうまくいかなくて、チーム開発手法にはアレルギー的な反応を示すなど、チーム開発導入の前段階で躓いているチームメンバーに対して、まずは基礎部分をしっかり固めましょう！と考えて、本書を執筆しています。

　また、エンジニアだけではなくプロデューサーやステークスホルダーの方々にも、お互いの職種を理解し、どのようにチーム開発を進めればよいのか知っていただける内容です。

　本書を通じて、チーム開発が不慣れな多くのチームおよびメンバーがレベルアップを果たし、高品質なアプリケーションが続々と生まれる手助けができれば幸いです。

2016年　初冬
渡辺　龍司

Contents

Chapter 1 チーム開発の概要 … 001

1-1 開発手法 … 002
- 開発手法の必要性 … 002
- ウォーターフォール型開発手法 … 003
- アジャイルソフトウェア開発手法 … 004
- ウォーターフォールからアジャイルへの切り替えは困難 … 005
- 各種ツールの活用で無駄なコストを削減 … 005
- 基礎力を養うことで先に進む … 006

Chapter 2 チームの役割 … 007

2-1 チームメンバーの役割 … 008
- 必要とされる役割 … 008
- プロジェクトマネージャー、プロデューサー … 009
- チームリーダー、プロジェクトリーダー … 009
- デザイナー … 009
- オペレーター … 010
- エンジニア(プログラマー) … 010
- テスター … 011
- インフラエンジニア … 011
- カスタマーエンジニア … 011

2-2 リリースまでの流れ … 012
- 企画・仕様書の策定 … 012
- チームの編成(プロデューサー・ディレクター) … 013
- 多彩なチーム構成 … 015

チーム構成によるメリット・デメリット　　　　　　　　　　　　015
　　　環境の整備（インフラエンジニア・エンジニア）　　　　　　　017
　　　実装フェーズ　　　　　　　　　　　　　　　　　　　　　　　017
　　　リリースフェーズ　　　　　　　　　　　　　　　　　　　　　020
　　　運用フェーズ　　　　　　　　　　　　　　　　　　　　　　　021
　　　Column：エンジニア35歳定年説　　　　　　　　　　　　　022

2-3　開発準備　　　　　　　　　　　　　　　　　　　　　　　023

　　　企画の周知　　　　　　　　　　　　　　　　　　　　　　　　023
　　　メンバー間の意思疎通　　　　　　　　　　　　　　　　　　　023
　　　開発環境の整備　　　　　　　　　　　　　　　　　　　　　　024
　　　タスク管理　　　　　　　　　　　　　　　　　　　　　　　　025
　　　情報の伝達方法　　　　　　　　　　　　　　　　　　　　　　026
　　　使用ツールの決定と準備　　　　　　　　　　　　　　　　　　026
　　　デザインガイドライン　　　　　　　　　　　　　　　　　　　027
　　　コーディング規約　　　　　　　　　　　　　　　　　　　　　027
　　　ミーティング　　　　　　　　　　　　　　　　　　　　　　　027

2-4　コミュニケーション　　　　　　　　　　　　　　　　　　028

　　　ミーティングの種類と目的　　　　　　　　　　　　　　　　　028
　　　ミーティングのルール策定　　　　　　　　　　　　　　　　　031
　　　明確な目的とアジェンダの必要性　　　　　　　　　　　　　　032
　　　ファシリテーターの配置　　　　　　　　　　　　　　　　　　032
　　　開催時間の設定　　　　　　　　　　　　　　　　　　　　　　033
　　　まとめ時間の確保　　　　　　　　　　　　　　　　　　　　　033
　　　議事録の作成　　　　　　　　　　　　　　　　　　　　　　　034
　　　Column：コスト意識を持つこと　　　　　　　　　　　　　034

2-5　チャットの活用　　　　　　　　　　　　　　　　　　　　035

　　　Googleハングアウト　　　　　　　　　　　　　　　　　　　035
　　　国産のチャットワーク（Chatwork）　　　　　　　　　　　　036
　　　Slack　　　　　　　　　　　　　　　　　　　　　　　　　　038
　　　チャットでは要件を簡潔に！　　　　　　　　　　　　　　　　039

Chapter 3 チーム開発のツール　041

3-1　バージョン管理システム　042
バージョン管理システムとは？　042
集中型と分散型　043
バージョン管理での用語　044

3-2　進捗・タスク管理　047
チケットによる管理　047
工数管理　048
ガントチャートが便利なRedmine　049
チケット管理で定番のJIRA　051
機能が豊富なBacklog　053
GitHub Issueの活用　053

3-3　記録の必要性　055
ソースコードと親和性の高いGitHub Wiki　056
世界で広く利用されているConfluence　057
国産で勢いのあるQiita:Team　058
柔軟性のあるGoogleドライブ　059
オフィスツールで定番のOffice 365　060

3-4　プロトタイプ作成ツール　061
プロトタイプとは？　061
定番の国産プロトタイプ作成ツールPrott　061
Adobeが提供するAdobe Experience Design（XD）　063

3-5　デザイン進捗管理ツール　064
デザイン専用進捗管理ツールBrushup　064

3-6　デザイン・リソース／指示書作成　066
デジタルメディアデザインに特化したSketch　066

	Sketchからのデザイン指示書作成・共有ツールZeplin	067
	Column：SketchとAdobe系デザインソフトの比較	068

3-7　Git・GitHubの利用　069

Gitを簡単に扱うツール　069
GitHubの特徴　069
GitHub互換サービス　070
主要なGitコマンド　070
GUI操作のGitHub Desktop　072
GitLab　077
SourceTree　078

3-8　Git・GitHubの開発フロー　083

Git Flowのブランチモデル　083
開発用ブランチ（Git Flow）　084
リリース用ブランチ（Git Flow）　085
緊急作業ブランチ（Git Flow）　085
GitHub Flowのブランチモデル　087
masterブランチと作業ブランチ　087
自動デプロイとリリース頻度　087

3-9　Vagrantによる開発環境の構築　088

Vagrant　088
想定する開発環境（Vagrant）　089
VagrantのBox管理　089
テスト環境（Vagrant）　089
LAMP環境の構築例（Vagrant）　090
Column：仮想環境とクラウド　094

3-10　Dockerによる開発環境の構築　095

DockerとホストOS　095
想定する開発環境（Docker）　096
テスト環境（Docker）　097
LAMP環境の構築例（Docker）　097

VII

Chapter 4 チームでのデザイン制作 101

4-1 デザインチームの役割 102
デザインチームが担当する作業と成果物 102

4-2 デザインガイドラインの重要性 104
デザインガイドラインが必要な理由 104
デザインガイドラインがないケースでは？ 104
デザインガイドラインのデメリット 105

4-3 デザインガイドライン 106
デザインコンセプト 106
デザインルール 107
基本UI設計 107
デザインガイドラインの分割 108

4-4 デザインルール 109
配色 109
文字 110
文字色 111
グラフィック 111

4-5 基本UI設計 112
UI要素のデザイン 112
共通UIの定義 112
アニメーションの定義 114

4-6 UI設計書とデザインカンプの作成 115
各プラットフォームやOSへのUI適用 115
デザインルールに基づいたデザインカンプの制作 116
作業の分担方法 117

複数OS対応時の注意事項　　　　　　　　　　　　　　117
　　　個別機能や画面の確認　　　　　　　　　　　　　　　118

4-7　デザイン指示書の作成　　　　　　　　　　　　　　119

　　　デザインガイドラインとデザイン指示書の違い　　　　119
　　　共通箇所のデザイン指示　　　　　　　　　　　　　　120
　　　個別対応箇所の指示　　　　　　　　　　　　　　　　121
　　　画像リソース共有時の注意　　　　　　　　　　　　　122
　　　アニメーション指示書　　　　　　　　　　　　　　　123

4-8　デザインテスト　　　　　　　　　　　　　　　　　124

　　　実装後のチェックにはデザイナーも参加　　　　　　　124
　　　デザイナーがチェックする項目　　　　　　　　　　　124
　　　デザインテストの範囲　　　　　　　　　　　　　　　125
　　　Column：そのドキュメント、本当に必要ですか？　　126

4-9　デザイナーのコーディング対応　　　　　　　　　　127

　　　デザイナーによるフロントコーディング　　　　　　　127
　　　メリットとデメリット　　　　　　　　　　　　　　　127

Chapter 5　コーディング　　　　　　　　　　　　　　　129

5-1　コーディング規約の重要性　　　　　　　　　　　　130

　　　統一的で可読性の高いコードを目指すには？　　　　　130
　　　コーディング規約の策定を阻む要素　　　　　　　　　130
　　　コーディング規約不在の問題点　　　　　　　　　　　131
　　　コーディング規約の必要性　　　　　　　　　　　　　132

5-2　コーディング規約の策定　　　　　　　　　　　　　133

　　　規約でのポリシーの重要性　　　　　　　　　　　　　133
　　　命名規則　　　　　　　　　　　　　　　　　　　　　134

モジュール構成 136
コーディングスタイル 138
禁止事項 142
コーディング規約の更新 142
公開されているコーディング規約の利用 143

5-3 コードレビューの必要性 144

レビューの必要性 144
レビューの導入 144
スキルレベルの引き上げ 145
ロジックのミスを防ぐ 145
コーディング規約の徹底 147
コミュニケーションの活性化 147

5-4 コードレビューのポイント 148

自らのコードレビュー 148
コードレビューのタイミング 148
レビュー依頼の粒度 149
レビュー対象はあくまでもソースコード 149
LGTM（Looks good to me） 150
決して諦めない！ 150
褒めるべきところは褒める！ 151

5-5 テストの必要性 152

ユニットテストの必要性 152
テストコードのコスト 152
明確な仕様 153
処理を細かく分割して実装 154
変更が容易 155
テストのデメリット 155
テストを実施しない選択肢 155
Column：不具合の伝え方 156

5-6	ユニットテストとカバレッジ	157
	テストコードの習慣化	157
	粒度の考慮	157
	カバレッジの目安	158
	メンテナンスコスト	158
5-7	テストケースの策定	159
	テストケースの役割	159
	テストケースに必要な情報	159
	テストケースは仕様書	162
	バグ修正後は再度テストを実施	162
	コーディング規約（例）	163

Chapter 6　自動化とリリース　173

6-1	継続的インテグレーションとデリバリー	174
	継続的インテグレーションの目的	174
	継続的デリバリーとは？	174
	継続する意義	175
	継続的インテグレーションとデリバリーのメリット	175
6-2	自動化ツールの紹介	176
	Jenkinsの特徴	176
	事前の準備	177
	Jenkinsのインストール（macOS）	177
	GitHub秘密鍵の設定	180
	環境変数の設定	181
	ジョブの作成	182
	ジョブの設定	183

6-3 リリースの準備 ... 186

- リリース準備におけるメンバーの役割 ... 186
- プロデューサー・営業職 ... 186
- エンジニア・インフラエンジニア ... 187
- カスタマーサービス ... 188
- テスター ... 188

6-4 プロモーション ... 189

- プレスリリース ... 189
- プレスリリース代行サービスの利用 ... 190
- 自社メディアの活用 ... 190
- その他のマーケティング手法 ... 190

6-5 リリース後の運用 ... 191

- サービスを育てる ... 191
- 重要な目標設定 ... 191
- KPIの可視化と共有 ... 192
- チームでの施策実施 ... 192
- ユーザー評価の収集 ... 193
- アンケートの実施 ... 193
- ストアレビューへの対策 ... 193
- サーバの状態監視 ... 194

Chapter 7 チームのライフサイクル ... 195

7-1 チームビルディング ... 196

- タックマンモデル ... 196
- Formingステージ ... 196
- Stormingステージ ... 197
- Normingステージ ... 197

	Performingステージ	197
	Adjourningステージ	198
	タックマンモデルにおける生産性の推移	198
7-2	**チームメンバーの活性化**	**199**
	モチベーションを低下させる要因と対策	199
	モチベーション向上の秘訣	200
7-3	**チームの構成変更**	**201**
	メンバーの削減	201
	メンバーの増員	203
	メンバーの入れ替え	204
7-4	**チームの改善**	**206**
	チーム開発手法の強化	206
	FDDフィーチャー駆動開発	206
	エクストリーム・プログラミング(XP)	207
	スクラム	208
	かんばん	209
	他チームとの情報交換	210

Chapter 8　チーム開発のフロー　211

8-1	**自社企画での開発フロー**	**212**
	企画立案(プロジェクトマネージャー)	212
	競合サービス調査(プロジェクトマネージャー)	213
	工数の推定(プロジェクトマネージャー)	214
	企画作成(プロジェクトマネージャー)	216
	チーム編成(プロジェクトマネージャー)	217
	キックオフミーティング(プロジェクトマネージャー)	218
	コンセプトの共有と顔合わせ(プロジェクトマネージャー)	219

プロジェクトの進め方（プロジェクトマネージャー） 220
環境整備（エンジニア） 221
コーディング規約（エンジニア） 222
デザイン依頼と指示書（エンジニア） 222
タスク管理手法（エンジニア） 223
バージョン管理（エンジニア） 223
CI／CDツールの選定（エンジニア） 224
ユニットテストのボリューム（エンジニア） 224
開発環境（エンジニア） 224
デザインの進め方（デザイナー） 225
サーバ構成（インフラエンジニア） 226
CI／CDの構築（インフラエンジニア） 226
実装準備（エンジニア） 227
コードレビューの検討（エンジニア） 228
全体ミーティング（エンジニア） 228
タスクミーティング（エンジニア） 229
朝会（エンジニア） 229
実装（エンジニア） 230
ふりかえりミーティング 232

8-2　受託開発での開発フロー　233

チーム編成（プロジェクトマネージャー） 233
プロジェクトの進め方（エンジニア） 234
実装準備（エンジニア） 235
ミーティング（エンジニア） 235
実装（エンジニア） 236
ふりかえりミーティング（エンジニア） 237
デザインの進め方（デザイナー） 237
納品（エンジニア） 237

INDEX　238

謝辞・著者プロフィール 241

Chapter 1

チーム開発の概要

Webサービスやスマートフォンアプリケーションの開発は、個人単独でない限り、複数メンバーで開発することが一般的です。昨今ではチーム開発用の各種サービスやツールが充実しており、それに伴いチーム開発の手法も数多く発表されています。本章ではチーム開発手法の概略と、開発手法を利用する上で何が重要であるかを解説します。

1-1 開発手法

1-1 開発手法

　本書で取り扱うチーム開発における手法には、大きく分類すると2種類があります。

　1つは勘定系システムなどでよく利用される「ウォーターフォール型開発手法」で、もう1つは、Webアプリケーションやスマートフォンアプリケーションの開発で使われる、「アジャイルソフトウェア開発手法」です。最近は勘定系システムの開発現場でもアジャイルソフトウェア手法を採用する話もよく耳にします。

　本章では、各開発手法の紹介とツールの取り入れ、既存の開発手法を使うための準備を解説します。

開発手法の必要性

　個人開発など単独でアプリケーションを開発する場合は、企画から開発、リリースにいたるまですべてを1人が担当するため、さまざまな事柄に対して責任を負うのは開発者だけです。単独で動くため小回りが効くメリットはありますが、1人の開発者がカバーできる範囲はどうしても限られてしまうため、大規模なアプリケーションの開発は困難になるデメリットがあります。

　一方、複数のメンバーでチームを組織して開発するチーム開発では、単独では困難な大規模なアプリケーションの開発も可能になります。その一方で、チーム内でのルールを作成しなければならなかったり、メンバー間のコミュニケーションなど、個人開発では問題とならなかった課題も発生します。

　チーム開発手法は、その名の通りチームで開発を行うための手法です。適切な手法を採択することで、バグの少ない安定したアプリケーションを作成し、継続して改善を続けていくことが可能な環境やチームを形成することができます。

　開発手法を採択することは、チーム開発において多くのメリットがありますが、デメリットも存在します。個々の開発手法のすべてがプロジェクトやチームに必ず当てはまるわけではないため、マニュアル通りに進めるわけにはいきません。ある程度のカスタマイズはどうしても発生してしまいます。

　また、開発手法を導入する際に、チームに開発手法を熟知しているメンバーがいないと、

見よう見まねで実践することになり、開発手法の運用が正しいのか判断できず、メンバー間の軋轢も発生し、無駄なコストが掛かることで肝心の開発が遅延してしまうことにもなりかねません。しかし、開発手法を一切使わないケースを想定すると、チームメンバー間に混乱が生まれ、おそらくプロジェクトはうまく動かないことでしょう。

チーム開発手法は、チームの成熟度や開発手法の練度が要求され、すべてを受け入れるには高いコストが必要になります。しかし、理念に裏付けされた開発手法の導入は、チームで開発する上で必要不可欠であることは間違いありません。

ウォーターフォール型開発手法

開発手法では、ウォーターフォール型開発手法と、アジャイルソフトウェア開発手法が有名です。

本項で紹介する、ウォーターフォール型開発手法は、非常に古くから存在する開発手法で、勘定系のシステムなど大規模なプロジェクトで用いられることが多い手法です。

時系列で、要件定義→基本設計→詳細設計→製造→テスト→リリース→運用と、1つ1つの工程を完了させてから流れるように開発が進められることから、その名が付けられています。

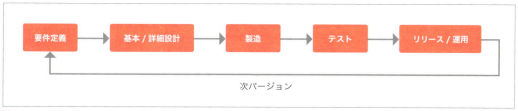

図1-1 ウォーターフォールの一連の流れ

ウォーターフォール型開発は、要件定義で要件を取りこぼしていたり、要件自体が変わってしまったことが実装時点で分かったとき、後戻りすることが困難であることが欠点です。

また、要件定義から運用までが1つの流れになっているため、細かい機能を細かくリリースするモデルには向かない手法ともいえます。

工程できっちりと決めて行くため、進捗管理が容易である利点がありますが、実際の開発現場では、一度も変更が発生することなく進むことは稀であるため、要件定義から実装までを変更のたびに繰り返す、変則的な運用になるケースがほとんどです。

ウォーターフォール型開発手法では、大規模なシステムで採択されることが多いため、要件定義と設計を担当する会社と、実装を担当する会社が異なるケースもあります。前提に各工程において仕様が確定していることがあるため、別組織であってもプロジェクトを推進できることがメリットの1つです。

さまざまな開発手法は、ウォーターフォール型開発の各工程を細分化したり、流れを変えたりしているものが大半です。このことからウォーターフォール型開発は開発手法の基礎といえます。

アジャイルソフトウェア開発手法

アジャイル(agile)は、「素早い」「回転が速い」「活発な」を意味しており、ウォーターフォール型開発と違い、要求の変更は発生するものと定義して、2週間程度の短い期間で、要件定義→設計→実装←→テスト→リリースの反復(イテレーション)作業をおこなう開発手法です。

アジャイルソフトウェア開発は概念的な意味合いもあり、アジャイルに沿った形で「スクラム」(Scrum)や「XP」(Extreme Programming)など、さまざまな開発手法が発表されています。

下図は、アジャイルの一連の流れを簡易的に表しています(図1-2)。一見するとイテレーション内で実施することが多く感じられますが、1つのイテレーションの機能を小さくすることで負荷を減らすことができます。細かい機能を実装するごとにリリースするので、ユーザーの反応をすぐに受け取れ、次回のリリースに反映できるのが最大の特徴です。

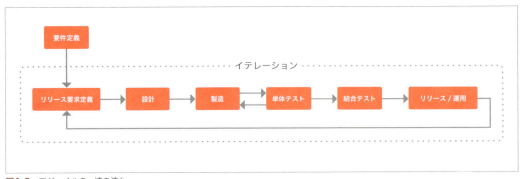

図1-2　アジャイルの一連の流れ

ウォーターフォールからアジャイルへの切り替えは困難

　ウォーターフォール型からアジャイルに切り替えて進めることは非常に難しい上に、うまくいかない場合がほとんどです。

　ウォーターフォール型は大規模な開発が多いため、各工程で受け持つ会社やチームが個別に存在するケースが大半です。短期間で工程を繰り返すアジャイルに移行するには、影響するプレイヤーの多さから統括することが不可能に等しいといえます。

　アジャイルの特徴を生かすには少人数のチームでまとめる必要があり、チームメンバーが多いと意思疎通の問題が発生するため、高速に反復させるには限界があります。

　また、短期間で反復してリリースするにはテストも重要です。ウォーターフォールでは製造の最後に結合テストを実施しますが、アジャイルでは次のイテレーションでの機能追加やリファクタリングの際に、既存コードの機能をチェックするユニットテストを用意することで、デグレードを防ぐことが一般的です。

各種ツールの活用で無駄なコストを削減

　新たに開発手法だけを導入しても、すべての工程を人力で取り回すのであれば、無駄なコストが発生します。

　特にアジャイルソフトウェア開発の場合は、短期間でリリースまでの工程を繰り返すため、手動でユニットテストを実行するのでは、いくら時間が合っても足りません。また、ウォーターフォール型開発では、工程管理が容易である利点と共に、ガントチャートなどでのスケジュールの可視化が一般的ですが、通常は何かしらのツールを使用します。

　ツールを活用する代表的な対象として、ソースコードがあげられます。現代では、ソースコードのバージョン管理システムを利用せずにチームで開発することは、デグレードやコードそのもののロストなど、さまざまなリスクを考慮すると非現実的です。

　また、チームで開発するためにメンバー間の連絡にはチャットサービスを活用することも一般的になりつつあります。もちろん、直接口頭でやり取りする場合もありますが、口頭での伝達が作業への割り込みとなることから、無駄なコストともなり得ます。

　昨今ではチーム開発のためのツール類が多くリリースされています。チーム開発に限らず、ツールを活用することで本来の作業に集中し、結果的により良いプロダクトをリリースすることを目指しましょう。

企業組織内では、「このツールは有料だから無料のものを探してくれ」もしくは「有料だから導入できない」など、組織の予算を預かる部署から指示された経験があるはずです。

そんなときは、導入したいツールを活用することで、節約できる作業量やコストをじっくりと検討し、必要となるコストを割く価値があると説明できる明確な数値や材料を用意し、担当部署にきちんと説得して導入できるように努力しましょう。

基礎力を養うことで先に進む

有名でよく使われる開発手法は限られますが、それぞれ特徴があり、取捨選択には、プロジェクトに適切であるか、導入で無駄なコストが発生しないか、などを十分に考慮する必要があります。また、チームメンバーの技術レベルによっては、素晴らしい開発手法を導入しても、学習コストが高すぎて、十分な恩恵を受けることができず、最終的には収拾できない事態に陥ることもあり得ます。

何ごとにも基礎が存在します。まずはその基礎部分を磨くことで、その先のさまざまな応用を取り込むことが可能になります。チーム開発でも同様に、基礎部分すなわち地力を養うことが最重要です。

チームでの開発経験が浅い場合は、いきなりさまざまな開発手法を導入するのではなく、基礎となるベーシックな手法のみでプロジェクトを進行させて、チーム開発の経験を積むことを優先すべきです。基礎的な手法やチーム開発の流れを身に付けることで、自動化によるリリースなどが自然なものとなります。

基礎力を養えば、それまで導入が困難だった各種開発手法の概念やフローも、その延長として理解でき、比較的スムーズに導入が可能になります。その一方、開発手法をどんどん取り入れると、概念の理解や習熟などの初期コストが掛かるため、一時的に開発スピードは低下します。もどかしいですが、諦めずに継続的に進めることが重要です。

また、留意すべき点は、開発手法を十分に理解していない上層部が、アジャイル開発手法の導入で劇的に開発速度や品質が向上すると勘違いして、現実と乖離した横やりが入る可能性があることです。また、エンジニアに対してチーム外から機能追加の依頼を許していた場合、それが禁止されることで、従来の対応との違いから不満が上がり、従来通りの対応を強く要望されるケースもあります。

開発手法の導入時は、チームと密接に接触する第三者にも、導入のメリット・デメリット、そして継続の必要性を理解してもらい、長期的なスパンで導入のメリットを考えてもらうことが大切です。

Chapter 2

チームの役割

エンジニア単独での開発など、よほどのことがない限り、複数メンバーでのチーム開発は当たり前におこなわれています。チーム開発でスムーズに実装が進まないケースに遭遇したことがあるでしょう。きちんとしたチームを編成することは、スムーズにリリースまでこぎ着け、その先にあるサービス本来の目的へと進む強力なエンジンとなります。本章では、チームの人材や役割などを明確にし、チームの全体像を描けるように解説します。

- **2-1** チームメンバーの役割
- **2-2** リリースまでの流れ
- **2-3** 開発準備
- **2-4** コミュニケーション
- **2-5** チャットの活用

2-1 チームメンバーの役割

　構成するチームメンバーにも役割があるように、チームそのものにも役割が存在します。各チームメンバーの役割を明確にすることで、それぞれの作業の分担も明確になります。本節ではチームメンバーとチームの役割に関して解説します。

必要とされる役割

　チームにはどのような役割を持ったメンバーが必要でしょうか。プロデュースからマネージメント、開発やデザインも、すべて担当できるフルスタックなメンバーが複数いるのでなければ、それぞれの役割を明確にして、必要なメンバーを割り当てる必要があります。

　まず、プロジェクトに必要な役割を明確にします。ゲームやツール系など、対象となるジャンルで必要となる役割や人材は少々異なります。例えば、スマートフォンアプリケーションの開発では、その開発規模にも依存しますが、下記の役割を果たす人物が必要です。

　ここにあげる役割をすべて個別に分業できるのが理想ですが、開発チーム内に役割を担うメンバーが見当たらなかったり、工数の関係などで1人が複数を兼務するパターンが大半だと考えられます。

　なお、スマートフォンアプリケーションではなく、Webアプリケーションの場合では、スマートフォン側のコード実装が、フロントエンドの実装になるなど、意味合いが変わるだけで、大きく違うところはありません。

- プロダクトをマネージメント
- チームをまとめるリーダー
- UX、UIのデザイン
- スマートフォン側のコードを実装
- サーバ側のコードを実装
- 人力でのテスト

プロジェクトマネージャー、プロデューサー

　細かい違いはありますが、プロジェクトマネージャー、プロデューサーやディレクターと呼ばれる職種では、プロダクトの方向性を決め、ディレクションやマネージメントしたり、文字通り内外をプロデュースします。

　明確な役割は曖昧にされることが多いのですが、プロダクトを客観的に判断して、その内容をメンバーに伝え、指示する立場にあり、チーム内で重要な役割を持ちます。

　もっとも重要な役割は、プロジェクトの総合的な責任を担い、予算やスケジュールなどプロジェクト進行に必要となる、さまざまな意思決定を担当するため、幅広い見識が必要となります。

チームリーダー、プロジェクトリーダー

　チームリーダーはチームをまとめる役割を担います。開発チームが少人数で構成される場合は、プロジェクトリーダーだけでチームを回しますが、例えば、エンジニアの人数が多いケースでは、エンジニアチームにリーダーを配置する場合もあります。

　リーダーは、チーム内をうまく潤滑させる非常に重要な役割を担います。ごく少人数のチームでは、リーダーを立てないケースもありますが、少数といえどもプロジェクト全体の現状を把握するためにも、兼業でも1人は着任させるべきです。

デザイナー

　デザイナーは、Webやスマートフォンアプリケーションでは、主にUI（User Interface）におけるグラフィックデザインを担当します。デザインはサービスの印象を決めてしまうため、重要な役割です。

　UIだけではなく、UX（User eXperience：ユーザーエクスペリエンス）のデザインを行うデザイナーも存在します。

　デザイナーはデザインにおける素材やモックを作るだけではなく、HTMLやCSS、昨今ではJavaScriptなどのコーディングを行う人もいますが、チームの規模やメンバーの得意分野などを考慮してどこまでの役割を担わせるかを考える必要があります。

　プロジェクトの初期段階でのモックを作成したり、UXを考えたりといった部分で、サービスの性格を決める大事な役割と言えます。

オペレーター

　デザイナーが作成したデザイン画面に対し、実装用の画像リソースやデザイン指示書の作成を専門で行うメンバーがオペレーターです。

　小規模チームではデザイナーが兼任するため、オペレーターがいない場合もありますが、大規模開発では、デザイナーがデザイン画面やプロトタイプ作成などに集中するためには必要不可欠といえる人員です。

　また、スマートフォンアプリケーションのリソースやデザイン指示書作成など、画面密度ごとにリソースを仕分けたり、必要に応じて画像のストレッチ箇所を検討するなど、煩雑な作業を求められる場合もあるため、専門知識や経験が求められます。

エンジニア（プログラマー）

　エンジニアもしくはプログラマーと呼ばれ、主にコーディングを行い処理を実装する役割を担います。最終的なプロダクトにまとめていくのがエンジニアであるといえます。

　設計段階での仕様がぶれていたり、素材の完成が遅れるなど、スケジュールのしわ寄せはすべてエンジニアに負担としてのしかかってくる現状もあります。

　プロジェクトを成功に導く上で、エンジニアが占める割合が大きく、そのため常にエンジニア同士でメンバーの進捗状況を把握し、サポートに回るなど柔軟な対応を行う必要があります。

　エンジニアは主に、フロントエンドとサーバサイドで分かれます。フロントエンドは主にサーバサイドのAPIとやり取りして、表示画面に反映させます。

　スマートフォンアプリケーションでは、端末側の実装を担当し、フロントエンド同様、サーバサイドのAPIとやり取りします。サーバサイドでは、APIなどのI/Oを作成したり、ビジネスロジックを実装します。

チーム規模やスキルが高いメンバーで構成される場合は、フロントエンドとサーバサイドを分けず、すべてをタスクで分割し、オールマイティーに実装する場合もあります。

テスター

　用意されたテストケースに沿ってテストを実行して、エビデンスを残すメンバーがテスターです。

　小規模なチームでは専門のテスターを用意せず、チームメンバー全員がテストを実行するケースがほとんどです。

　また、プロジェクトとまったく関わりがない別チームのメンバーを呼び、あえて仕様を知らせずテストケースのみでテストを実施してもらう場合もあります。プロジェクトの最後でサービスの品質を確保するために、重要な役割を担っています。

インフラエンジニア

　インフラ周りを担当するエンジニアをインフラエンジニアと呼びます。サーバやDBなどの構築や、ネットワーク構築など、諸々のインフラ周りを受け持ちます。

　プロジェクトに最初から最後まで関わるのではなく、初期設計や最終的なサーバ構築など、要所要所で参加するイメージです。

　サービスが運用段階にはいると、サーバの監視やパフォーマンスのチェック、ユーザ増に応じてサーバの増強作業を行ったりするなど、まさに縁の下の力持ち的な役割を果たします。

　昨今ではサーバ構築もコード化されることが多くなり、幅広い知識が必要になってきています。

カスタマーエンジニア

　ある程度の規模を超える企業になると、カスタマーサービス部門が存在します。チームとしてプロダクトを開発するわけではありませんが、プロダクトの方向性や形がある程度明確になる段階で、カスタマーサービスと情報を共有します。

　カスタマーサービスの経験から、ユーザーが陥りやすい誤操作などの知見も得られ、プロダクトに反映できるメリットもあります。また、カスタマーサービスとしても将来リリースされるサービスがどんなものかを把握し、事前に準備する期間が必要です。

2-2 リリースまでの流れ

　チームはさまざまな役割をもつメンバーが集まり、プロジェクトを進行させます。一定のルールを策定することで、スムーズな進行が可能になり、メンバーも安心して作業に携われます。

　本節では、リリースまでの一般的な流れを解説し、メンバー1人1人がどのようにプロジェクトに関わればよいのかを明確にします。

　採択するチーム開発手法、Webアプリケーションやスマートフォンアプリケーションなど開発対象によって、リリースまでのフローは異なりますが、一般的には企画を作成して仕様を固め、UIやUXの検証に続いて、実装、リリース、運用と進みます。もちろん、実装段階で仕様が変更されることは多々あり、より良いサービスを求めるには必要なプロセスであると考えます。

　なお、本項で紹介するフローはあくまで一例です。チームやプロジェクト、サービスのリリース頻度などによって変わるため、この通り進める必要はありません。

企画・仕様書の策定

　まずは、企画を詰めるところからスタートします。受託開発の場合、ほとんどのケースで既に企画が決まっているため、この工程は必要ありません。また、具体的な企画の作成方法に関しては、本書では触れません。

　作成された企画は、今後関係するすべてのメンバーが、その目的や方向性などをいつでも参照できるように資料化しましょう。

　仕様策定やユーザーヒアリングなどの段階で、機能追加や削除などに迷った際には、企画の趣旨に沿っているか、資料で確認できることが重要です。また、企画や仕様を策定する場合、同時にマーケット戦略もあらかじめ考えます。

図2-1　企画策定フェーズ

企画の作成後には、実際にチームを編成します。受託開発などでは、企画策定を飛ばしてチーム編成からスタートする場合があります。また、最初にチームを編成して、チーム内で企画策定に入るケースも実際にはあります。

チームの編成（プロデューサー・ディレクター）

プロジェクトが具体的にスタートする段階になったらチームを編成します。実際の現場では、企画段階からチームが組まれるケースや、徐々に必要なメンバーを追加していくケースもあります。所属組織や該当プロジェクトの性質に依存するところがあります。

実装するにはチームメンバーにエンジニアは必須です。さらに使いやすくターゲット層に刺さる良いサービスを目指すためには、デザイナーも必須です。

例えば、Webアプリケーションを開発する場合、フロントエンジニアとバックエンド担当のエンジニアの双方が必要ですが、小規模のサービスであれば、同一エンジニアが単独で担当する場合もあります。

また、スマートフォンアプリケーションを開発する場合、対応する端末（OS）ごとにエンジニアが必要です。仮にクロスプラットフォームで実装する場合でも、最終的には各OSの流儀に沿った動きを実装できているか、各OSで馴染みのない動作になっていないかなど、対応する各プラットフォームの流儀を深く理解しているメンバーが必要になります。

クロスプラットフォーム対応の技術を利用するからといって、少数のエンジニアで実装可能と判断しないように注意しましょう。

この通り、チーム構成はプロジェクトに応じてさまざまですが、小さいチームであれば、メンバー数名とそれを統括するプロジェクトマネージャーが存在します（図2-2）。

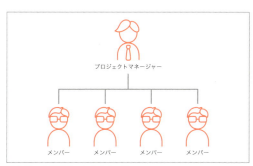

図2-2　小規模チームのイメージ

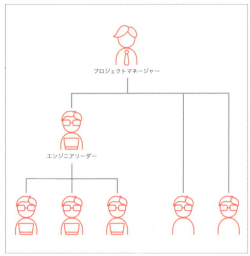

図2-3　エンジニアリーダーを配置したチームのイメージ

チーム構成でエンジニアなど特定種別のメンバーが多い場合は、左図に示す通り、リーダーを配置することもあります(図2-3)。

さらにプロジェクトに関わる人数が多い場合は、1つのチームとして構成するとチームとしてまとめることが難しく、また小回りが効かなくなるため、機能や実装単位ごとにチームを作成しましょう。複数のチームでプロジェクトを動かす場合は、各チームごとにチームリーダーを配置し(図2−4)、チーム間でスムーズな情報共有や連携を可能にする必要があります。

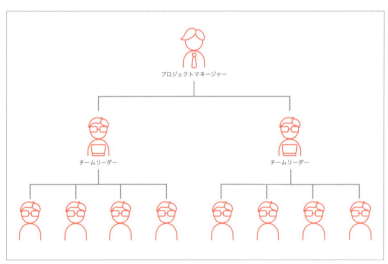

図2-4　複数チームのイメージ

多彩なチーム構成

　チームメンバーの構成はプロジェクトごとに変わりますが、メンバーそれぞれの立ち位置も大きく違う場合もあります。エンジニア不足は多くの企業でよく聞かれ、派遣や業務委託でエンジニアをメンバーに加えることも珍しくありません。

　さらに、自社では開発せず外部の会社に発注するケースもあります。その場合でもプロダクトマネージャーはきちんと意図したサービスを目指し、丸投げすることなく、外注先をメンバーとみたてチームと呼べる状態にするべきです。

　また、昨今ではクラウドソーシングやリモートワークなどで、チームのメンバーが同じ場所にいない状況も増えています。

　この背景には、チーム開発用のツールが充実してきているからだと言えます。さまざまなチーム構成があり、それに伴いそれぞれのメリット、デメリットも多種多様です。

チーム構成によるメリット・デメリット

チーム構成：同じ場所で作業

　プロパー社員もしくは派遣や業務委託などのメンバーで構成し、物理的に同じ場所で作業をするチーム構成です。

　同じ場所で作業するため、常に顔を合わせたコミュニケーションが可能で、チームビルディングが容易になります。また、日々のチームメンバーの体調把握やモチベーションの推測が容易といったメリットもあります。

　一方で、メンバー間のコミュニケーションが容易なため、チーム内のルールを正しく設定し、かつ正しく運用しないと、無駄なミーティングの増加や、集中している状況に話しかけてしまうなど、作業への割り込みによって、生産性の低下が懸念されます。

チーム構成：実装をアウトソース

　外注による開発では、発注元で仕様をコントロールし、実装部分をアウトソースするケースが多く、サービスとしては早く起ち上げたいが、エンジニアの確保が難しい場合に、大きなメリットがあります。

　また、ウォーターフォール型の開発では相性が良いのも特徴で、建前上では決められた納期に納品される前提であるため、チームビルディングの難しさは必要とされない一面もあります。

　アジャイルソフトウェア開発で実装のアウトソーシングは、一定のイテレーションごとに成果物を納品してもらい、その都度検収し、次のイテレーションでの作業を依頼するやり

方であれば、仕様の変更に対しても柔軟に対応できます。この場合は、外注先をチーム内の実装メンバーグループとみなして、チーム開発を行うことになります。

実装部分をすべて任せてしまうため、コードレベルのコントロールが効かず、検収に対しても動作の確認レベルが主になってしまいます。また、実装に関するノウハウが社内に残らないため、同様の機能を別のサービスで取り入れたい場合に、無駄なコストがかかってしまうデメリットもあります。

また、コードレベルが低い場合には、最終的に自社で運用を始めた場合、改善や修正に時間を要する点も見逃せません。

コードレベルの維持については、エンジニアを発注元でも1名以上確保し、外注先にはコーディング規約の徹底と、バージョン管理システムで常に最新のコードにアクセス出来る状態にしてもらい、定期的にレビューをすることで、ある程度のレベルは確保できます。レビューのためのエンジニアが確保できない場合には、どうしてもコードレベルの維持は難しいでしょう。

チーム構成：バラバラの場所で作業

チームメンバーの構成がクラウドソーシングやフリーランス、もしくは社員でもリモート勤務などの場合、実質チームメンバー全員が同じ場所で作業をすることができないケースも考えられます。

フリーランスをメンバーとすることは以前からありますが、最近ではクラウドソーシングでメンバーを集めるケースも多くなっているため、今後このチーム構成は、当たり前になっていくかもしれません。

チームメンバーがバラバラの場所で作業する構成では、作業場所を問わないため遠隔地のメンバーも候補とできるため、メンバー確保が容易になるメリットがあります。

チームメンバーにとっては、自分なりに集中して作業できる環境を作れるため、生産性の向上が期待できます。

この構成のデメリットは、目の届く範囲にメンバーがいるわけではないため、チームビルディングが難しいことですが、コミュニケーションの方法をツールやルールも含めてきちんと整備すれば、デメリットも解消できます。

技術レベルが分かる社員や交流のあるエンジニアであれば、チームメンバーとして迎え入れやすいのですが、逆に交流がないエンジニアをチームメンバーとして招き入れる場合は、技術レベルやコミュニケーションがうまく取れるかを、チームビルディングの初期段階で見極める必要があるでしょう。

これはリモート作業を前提としたチーム構成に限らず、チームビルディング全般に関わる問題です。いずれのチーム構成でもきちんとコミュニケーションが取れる環境を用意することが重要です。

環境の整備（インフラエンジニア・エンジニア）

　開発環境を作成します。WebやAPIなどのバックグラウンド環境の場合、開発環境はなるべく本番環境と同じバージョンのOSやライブラリを使用します。

　開発機で環境を作成しても構いませんが、可能であれば、別マシンやバーチャルマシン上に作成すると、次の開発環境を構築する際に便利です。また、環境はコードで管理すると構築が容易となります。構築ツールとして、「Chef」や「Vagrant」、「Docker」などの利用をおすすめします。

　スマートフォンアプリケーションは、開発機にIDEをインストールする必要があります。また、スマートフォンアプリケーション開発では実際にビルドしたり、シミュレータ（エミュレータ）で動作を確認するため、スムーズな開発にはマシンパワーを惜しんではいけません。

　また、自分の開発環境の他に継続的インテグレーション、継続的デリバリー用にサーバを用意するなどの準備も必要になります。

　なお、詳細は「3-9 Vagrantによる開発環境の構築」(P.088)と「3-10 Dockerによる開発環境の構築」(P.095参照)で解説します。

実装フェーズ

　実装フェーズでは、企画や仕様に沿って実装を開始します。下図に示すフロー図では、プロトタイプ作成の後にテストケース作成が続いていますが、プロトタイプからタスク作成の流れになるケースもあり、チームやプロジェクトの大小により流れは変わり得ます。

　実装フェーズに入ったら、まずは流れをフロー図化することをおすすめします。

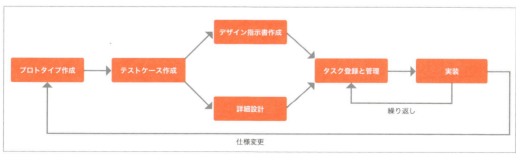

図2-5　実装フェーズ

プロトタイプ作成
(デザイナー・エンジニア)

　チーム編成後は実装を開始しますが、実装前にデザイナーを中心にプロトタイプを作成すると、使いやすさや問題点の洗い出しができ、手戻りを減らすことが可能です。

　スマートフォンアプリケーションでは紙によるプロトタイプ作成が頻繁に行われますが、最近では画面遷移を含めたプロトタイプを作成できるサービスが多く公開されています。国内では「Prott[*1]」が人気で、画面遷移図の生成機能もあり、スマートフォンアプリケーションからWebアプリケーションまで幅広く使用できます。

　紙によるプロトタイプは、気軽に手書きできラフな段階でも検証できるため、初期段階では特に有効な手段です。また、前述のProttなどのツールは実際の端末で操作でき、使い勝手を検証するには最適です。

　エンジニアが実際に動作するプロトタイプを作成するケースもありますが、紙や専用ツールで素早く確認できるのであれば、是非活用すべきでしょう。

テストケース作成
(プロデューサー・ディレクター)

　プロトタイプで画面と画面遷移の仕様が固まったところで、テストケースを作成します。テストケースは仕様書として代用できるため、詳細に記述する必要があります。

　作成したプロトタイプやモックで十分に確認しても、ユーザーニーズが変わることや、より良い問題解決方法が見つかることで、画面遷移や仕様が変更されます。その都度テストケースの変更も発生するので、場合によっては実装中に作成したり、テストの前段階で作成することもあります。

　テストケースに関して、「5-7 テストケースの策定」で詳細に解説します(P.159参照)。

デザイン指示書作成
(デザイナー・オペレーター・エンジニア)

　プロトタイプによる検証が終わると実装を開始します。まずはデザイナーがエンジニアに指示するデザイン指示書を作成します。

　デザイン指示書には、色やフォント、サイズや位置の指定などを記載します。例えば、建築物などではまず設計図を作成して、設計図に沿って大工が実際に作成しますが、アプリケーションの設計図も建築物と同じで、デザイン指示書に沿ってエンジニアが実装します。指示漏れがあるとエンジニアがどうすればよいのか判断に苦しむことになるため、的確な指示書が要求されます。

　WebであればCSS、スマートフォンアプリケーションであればコードで生成できない、もしくは生成が困難なパーツに関しては、デザインパーツとして作成します。

　スマートフォンアプリケーションの場合、最適な画像形式が複数あり、また解像度に応じ

[*1]　Prott https://prottapp.com/app/

たサイズの異なる複数の画像が必要とされるため、1つのパーツでも複数サイズの画像を生成する必要があります。ただし、iOSやAndroidではベクター形式も扱えるため、1パーツにつき1ファイルの用意で大丈夫です。ベクターで表現できるパーツは極力ベクター形式で出力しましょう。

パーツごとに最適な画像形式が異なるため、コードによってパーツを作成するか、画像として出力するか、ベクター形式にするのかは、個別にエンジニアと協議して決定する必要があります。

詳細設計
(エンジニア)

実装に入る前に、エンジニアは詳細な設計をします。プロトタイプやテストケースなどで、画面で必要な情報はすべて揃っているため、実際に実装に必要な処理などを洗い出します。また、データベース設計やサーバ構成なども、この工程で、柔軟で将来を見越した設計を行う必要があります。

細かいところまで考え抜いて仕様を作っていくと、テストケースやプロトタイピングで漏れていた動作などが分かり、実装での手戻りを減らすことができます。逆に詳細設計で手を抜くと、実装段階で不備に気付いた時に、例えば、データに関わる部分であれば、最悪のケースはデータベース設計のレベルまで手戻りが発生する可能性があります。

なお、詳細設計の段階では可能な限り細かくタスク化を行います。しかし、実装中の仕様変更にも耐えられるように、ある程度は粒度を荒くする必要もあるという、大きな矛盾も考慮すべきです。詳細設計のタスク化は経験による部分も大きいため、複数の詳細設計を担当して、経験を積む必要があるでしょう。

実装
(デザイナー・エンジニア)

仕様も環境も整った時点で、開発を始めます。デザインパーツの受け渡しでは、デザイナーとエンジニアが密に情報をやり取りする必要があります。

また、例えば、エンジニア間でも、フロント部分とバックグラウンド部分を繋ぐAPIなど仕様を決める際に、コミュニケーションは欠かせません。実装上で壁になっている部分は全員に共有され、即座に解消する必要があります。技術的な理由やUX的な理由など、仕様変更が発生するケースは多々ありますが、チーム内で協議してすぐに仕様へと反映する必要があります。

デザイナーとエンジニアには、実装に限らず柔軟な対応が求められる一方、作業に集中する必要があるため、ミーティングなどでむやみに割り込むことがないように心掛けましょう。実装フェーズに移行後は、ミーティングの設定ルールなどを策定しておくと、効率よく実装を進めることができます。

リリースフェーズ

実装フェーズで機能の実装が終わると、続いてリリースを行うフェーズに入ります。継続的に短期間でリリースするプロジェクトの場合では、テストケースによるテストが短縮もしくは省略されるケースもあるでしょう。

下図に示すフロー図は、Webアプリケーションのファーストリリース、もしくは機能追加などのタイミングを想定しています。以下Webアプリケーションを例にリリースフェーズを見ていきましょう。

図2-6　リリースフェーズ

テストケースによるテスト
（全員・テスター）

実装が完了し、結合テストの段階では、テストケースによるテストを人力で実施します。結果をまとめて、問題があればフィードバックして、バグ修正を待ちます。

バグ修正の完了後、再度すべてのテストを実施します。バグ修正で新たなバグが発生していた場合、一部のテストでは発見できないことがあるためです。

テストの実施は、チームメンバーが協力して行うケースもあれば、テストメンバーを用意するケースもあります。可能であればチーム外の人に実施してもらうと、仕様を分かっているメンバーからは想定できない操作を行い、バグを発見する可能性が広がります。

リリース前準備

リリースの準備を行います。スマートフォンアプリケーションであれば、ストアに公開する直前の状態でテストが可能であるため、念のため最終確認を行います。

また、プレスリリースも準備します。雑誌などのメディアへの掲載を依頼する場合もあります。リリース前準備に関しては、「6-3 リリースの準備」で詳述します（P.186参照）。

リリース

無事にリリースできても、これからが本当のスタートです。リリースまでの道のりが長くリリースした途端に安心しがちですが、すぐに気を引き締めましょう。

リリース直後は万全の体制で臨みましょう。何かしらの問題が発生する可能性があります。チームメンバーおよびカスタマーサポートと連携して、サービスが正常に稼働しているか確認します。想定ユーザー数を越えたアクセスに備え、サーバ負荷の監視も忘れないようにしましょう。

　また、万全な準備状態でない限り、リリース直後は安定稼働の確認に注力します。リリース当日は、想定ユーザー数を超えないよう集客を控え、想定した負荷で推移していることを確認して、集客の手を打つべきです。

　仮に、リリース当日に大々的なプロモーションを実施する場合は、精度の高い想定ユーザー数やアクセス数を算出し、必要に応じて即座にサーバをスケールアウト可能にしておく必要があります。

　万が一、リリース当日にサーバダウンなどの失態となると、ユーザーには残念な印象しか与えられません。詳細は、「6-5 リリース後の運用」で解説します（P.191参照）。

運用フェーズ

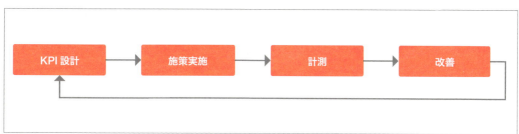

図2-7 運用フェーズ

　リリース後は運用しながら、改善を繰り返してサービスをより良く、より大きくしていきます。運用や改善のフェーズではさまざまなデータを取得し、それに伴ってサーバを増強したり、ユーザーニーズの細かい変化に対応します。

　改善はサービスだけではなく、チームにも該当します。チームを改善することで、サービスの運用コストが下がったり、改善スピードが向上することも十分にありえます。

　ほとんどのサービスはリリースしただけでいきなり莫大な売り上げをもたらすことはありません。地道な改善を継続することで徐々に認知され、一定の状態から一気にユーザー数が増えるなどの動きを見せる場合があります。

　もちろん、改善が必ずユーザー数や売り上げの増加に直結する訳ではありませんが、その確率を上げるには、必要なプロセスです。

残念なことに、特にスマートフォンアプリケーションでは、リリース後の改善スピードが遅い、もしくはアップデートがまったくされないケースを目にします。

　各組織の戦略に依存しますが、リリース数ヶ月のダウンロード数やMAU（Monthly Active Users）などで、サービスの継続可否を判断しているケースもあると推測できます。他の業務のためチームが解散されるケースもあるでしょう。しかし、昨今ではリリース直後〜数ヶ月で十分な売り上げを確保できるアプリケーションはほとんど存在しません。

　リリースが最初で最大の目標となるため、運用や改善は見落とされがちです。しかし、プロジェクト開始の段階でリリース後の将来も十分に考慮して、最終的には十分な売り上げをあげられるサービスに育てられるように準備することが必要です。なお、運用の詳細は「6-5 リリース後の運用」で説明します（P.191参照）。

Column：エンジニア35歳定年説

　他の職種ではあまり聞くことはありませんが、エンジニアだけは35歳で定年だという有名な話があります。IT業界で仕事をしていたら、一度は耳にしたことがあるでしょう。

　35歳くらいになると、新しい技術の吸収も衰え、体力も衰え始めると考えられており、そのため若い頃にくらべて、エンジニアとしての生産性が落ち、ゆくゆくは管理職もしくはまったく違う職種にジョブチェンジを迫られるであろうという説です。

　IT業界はまだ出来たばかりの産業です。35歳定年説が流れ始めた20〜30年前の当時は、35歳でエンジニアをしている人もさほど多くなく、さらに当時の日本ではこの年齢になるとプロジェクトマネージャーなどの管理職へ移る時期と認識されていたため、自分がエンジニアとして将来もやっていけるのかという恐れから、自然と生まれた説なのではないかと筆者は考えています。

　ご存じの通り、現在40歳を越えても第一線でエンジニアとして活躍している人も数多くいますし、エンジニア職から管理職に移る人もいます。もちろん、若手のエンジニアの吸収力には、とうてい及ばないと感じる時期が必ずやってきます。

　長年の経験による知識が武器になることもありますが、それを過信しすぎてプロジェクトの足枷になるケースも多々あります。新しい技術や世の中の流れを知るために日々勉強することはもちろんですが、この年齢になると若い頃に比べて自分で自由にできる時間が限られてきますので、効率よく、かつ先をきちんと見越して知識を得ていくことが重要になるでしょう。

　好きこそものの上手なれ。好きでやっていればいつまででもエンジニアを続けられると筆者は信じています。

開発準備

　チーム編成後すぐに開発に取り組むわけではありません。まずは企画の周知からメンバー間の意思疎通に関係する問題の洗い出し、開発チーム内でのさまざまなルールを決めることからスタートします。

　ルールの設定をおろそかにすると、スムーズに開発できないケースも発生します。その一方で、ルールが厳密すぎると、足枷となり生産性が低下するため、ある程度は一定の緩さが必要になります。

企画の周知

　企画段階からチームメンバー全員が携わったのであれば問題はありませんが、ほとんどのプロジェクトは企画決定後にメンバーが決まるため、メンバーに企画を周知します。

　企画書を渡して「読んでおいて」で終わるのではなく、コンセプトをきちんと説明します。核となるコンセプトをメンバー全員が把握していなければ、サービスの細かい部分まで作り込むことはできません。メンバー間でコンセプトが統一されていない状態で作業を進めた場合に、統一感のないサービスになってしまうかもしれません。

　コンセプトはサービスの核であり、チームメンバーの道標でもあります。メンバー全員が常に意識している必要があります。

メンバー間の意思疎通

　チーム開発では、エンジニアやデザイナー、プロジェクトマネージャーなど、職種が異なるメンバーが集まり開発をおこないます。エンジニアにとっては普通であると思われることが、プロジェクトマネージャーには普通ではなく、意味を取り違えてしまうなどの問題が往々にして発生します。

　例えば、プロジェクトマネージャーがエンジニアに、ある機能をすぐに着手可能か尋ねたい場合、「この機能はできる？」と聞くと、

図2-8 典型的な誤解

エンジニアは「はい、できますよ」と答えます。

この回答では、プロジェクトマネージャーはすぐに着手してくれると勘違いしてしまいます。エンジニアの「できる」は、技術的に可能かどうかの回答であって、すぐに着手するかは別問題です。そして、後日プロジェクトマネージャーがエンジニアに状況を確認すると、着手していないことが分かり、問題になるケースはよくあります(図2-8)。

また、テスターから「バグがあります」とだけ報告されても、エンジニアは修正できません。どのような情報が必要かあらかじめ伝えておくことも必要です。

チーム開発を共にしてお互いが理解できていれば、議論せずに簡単な確認でも構いません。しかし、チーム開発に不慣れなメンバーが1人でもいる場合は、開発に入る前にそれぞれの職種での常識などをきちんと議論しておくことで、誤解による問題発生を最小限に防ぐことができます。

開発環境の整備

プロダクトで利用する最適なサーバ構成は、仕様を元に考える必要があります。例えば、データベースに何を使うのか、開発言語やライブラリ、フレームワークは何を採用するのか決めます。開発環境に関しても同様に整備していきます。

決定したサーバ構成から開発環境、テスト環境を作成します。通常は、本番で使用するサーバ構成を元に、開発環境やテスト環境としてスモールな構成を用意します。また、開発をサポートするIDE（統合環境）をインストールする必要もあります。

また、この他にもチーム開発をサポートするために、プロジェクト管理の「JIRA」やコラボレーションツールの「Confluence」などのセットアップから、リポジトリの作成なども

必要です。サーバに関しては、ステージング環境や本番環境も必要ですが、これらは同時に用意する必要はありません。

　プロジェクトの大小やスケジュールなどにも依存しますが、構成要素の1つは、チャレンジングなものを加えることで、チームメンバーのスキルアップに繋がります。慣れ親しんでいることを理由に、いつもと同じフレームワークや言語、ライブラリを採択することも確実ですが、メンバーのスキルは上がらず、留まったままになります。また、フレームワークやライブラリなどは風化しやすいため、単一のものを使い続けると保守が困難になる可能性もあり得ます。

　デザインに関しても同様で、開発時のトレンドを踏まえた上で、新たなチャレンジを試みることも重要です。

　なお、開発環境を整えるための要素をまとめると、下記の通りです。

- 言語やフレームワークなどの決定
- 必要なサーバ構成を考える
- 開発およびテストサーバの用意と設定
- 必要なツールのインストールと設定
- リポジトリの作成
- チャレンジする要素

タスク管理

　開発フェーズに入ると、特にエンジニアやデザイナーの場合は、タスク管理が重要になります。また、全体の概略工数を算出するためにも、企画と仕様から全部のタスクを作成するところから始める必要がでてきます。

　タスクの切り出しに関しては、エンジニアとデザイナー全員で考えます。まずは画面やページ単位で大まかなところを切り出し、後にその大きなタスクからだんだんと詳細にしていくと良いでしょう。

　タスク切り出しのノウハウは経験で培われてるので、何らかの作業が発生したら必ずタスクを細かく分解する習慣を付けましょう。

　タスクはツールを使用して、プロデューサーやプロジェクトマネージャーなどが把握しやすくすることも重要です。なお、ツールを利用するタスク管理に関しては、「3-2 進捗・タスク管理」で詳述します（P.047参照）。

情報の伝達方法

　チームが3人程度であれば問題にはなりませんが、メンバーが膨れあがった場合、例えば、デザイナーへの素材依頼を個人で行ったため、気付かずに同じ依頼が再度デザイナーに行くなど、特定メンバーの負荷が上がったり、無駄なコストが発生しかねません。

　こうした無駄を防ぐためにも、作業依頼などのルール策定が必要となります。プロジェクトマネージャーもしくはリーダーを介してハンドリングするなどの取り決めも重要です。

　メンバー間での依頼はチケットとして管理する方法がおすすめです。例えば、エンジニアがデザイナーに素材を依頼する際、JIRAやGitHubのIssueなどでチケットを作成し、対象をデザイナーに指定します。

　デザイナーは必ず1日に一度はチケットを確認し、チケット内容に不明点がある場合は、チャットやコメントとして質問して、齟齬がないようにします。素材完成後はチケットに素材を添付して、依頼者のエンジニアに伝えれば完了とします。

　エンジニアもチケットでタスクを管理し、プロデューサーからの仕様変更の依頼なども、チケットに登録してもらい、その内容も明確に記述するようにします。開発中は即時対応が要求されることは滅多にないので、直接のやり取りよりも、チケットとして誰が何の目的で依頼し、誰がどれくらい時間をかけて対応したのか明確にすべきでしょう。

使用ツールの決定と準備

　開発で使用するツールも開発前に決定します。ソースコードのバージョン管理に何を使うか、タスクの管理方法、情報伝達ツールなど、決めるべきことは多岐にわたります。

　バージョン管理システムには「GitHub」を使ったり、C#での開発が主な場合は「TFVC」（Team Foundation Version Control）も検討するなど、開発言語などで選択肢の増減があります。また、他のチームが先行して開発している場合は、採択しているツールやその使い勝手、メリット・デメリットをヒアリングすることも重要です。特にデメリットが大きくなければ、同じツールを使うのもよいでしょう。

　ツールにもトレンドがあり、便利なツールやサービスが続々と登場しています。プロジェクトに適していそうなツールは、開発初期に試し、使えそうであれば使い勝手やTipsなどを記録しつつ導入しましょう。

　開発が進むとツールの変更は困難になるので、早めのジャッジが必要とされます。新しいツールを採択するには、十分に検証して結論を出す必要がありますが、仮に不安定であっ

たり、プロジェクトには不適と判断したら、即座に別のツールに移行しましょう。

プロジェクト開始直後だからこそ可能なチャレンジです。可能な限り新しく便利なツールを見つけ、場合によってはツールを作成するとよい刺激になるはずです。なお、後述の「Chapter 3 チーム開発のツール」では、各種ツールを詳述します（P.042参照）。

デザインガイドライン

チーム全体でデザインやUIなど、アプリ開発に必要なデザイン関連情報をまとめたドキュメントです。デザインコンセプトや基礎となるUI設計など、複数のデザイナーが同時に作業を進めるには必要不可欠な情報です。

また、開発終了後の保守運用や追加機能実装時の参考資料、メンバー交代時の引き継ぎ資料、クライアントワークの場合は納品物としても必要な資料です。詳細は「4-1 デザインチームの役割」で後述します（P.102参照）。

コーディング規約

エンジニアはコーディング規約を決める必要があります。別チームや既存プロジェクトの規約をそのまま利用するのでなければ、作成する必要があります。エンジニア単独のケースでも、保守や別メンバーへの引き継ぎを考え、コーディング規約は必ず作成しましょう。

昨今では言語に応じて標準的なコーディング規約が既に公開されているケースが多いため、参考にすることで独自のおかしなルールになることを避けられます。コーディング規約は、後述の「5-2 コーディング規約の策定」で詳述します（P.133参照）。

ミーティング

ミーティングは有効な情報共有の場であると同時に、不必要なミーティングが多くなると、開発のための時間が浸食されます。また、エンジニアが集中して作業している時間帯に実施すると、生産性が大きく低下します。

生産性を上げる目的のミーティングが、逆に生産性を下げてしまう結果になることを防ぐためには、ミーティングの開催に関してもルールを設定する必要があるでしょう。ミーティングに関して、「2-4 コミュニケーション」で詳述します（P.028参照）。

2-4 コミュニケーション

　チーム開発では当然のことですが、複数メンバーでの開発には、コミュニケーションが重要です。例えば、職域が同じエンジニア間でも、タスクの割り振りや情報や問題点の共有など、メンバー間でのやり取りはいくらでも発生します。

　また、プロジェクトマネージャーやプロデューサーなど、プロジェクトの進行を管理する側では、問題点の洗い出しや開発の進捗具合などを知る必要があります。本節では効率よくプロジェクトを進めるための、コミュニケーションのルールを解説します。

ミーティングの種類と目的

　ミーティングの種類はさまざまですが、本項では、チーム開発における代表的なミーティングの種類と目的を紹介します。

　もちろん、本項で紹介する内容すべてがチーム開発には最適と推奨するわけではありません。本項で紹介しないミーティングでも、プロジェクトに重要なものも存在します。

　まずは、最初のミーティングで、自分の開発チームにはどんなミーティングの開催が必要かを話し合いましょう。

　ちなみに、開発手法の中には、定期的なミーティングを定めているものもあります。

キックオフミーティング
- ミーティング対象：全員
- ミーティング目的：プロジェクトの共有とメンバーの顔合わせ

　キックオフミーティングは、プロジェクトの目的や内容、目指すゴールなどをメンバー内で統一された意識として持つため、チームメンバーが確定した段階で、最初に1度だけおこなわれるミーティングです。初めて一緒に仕事をするメンバー、もしくは面識がないメ

ンバー同士の顔合わせの役割も果たします。
　チーム開発では、プロジェクトのコアとなる部分を、メンバーがいかに理解し、実現に向かって考えることができるかに、プロジェクトの成否が掛かっているといっても過言ではありません。メンバーがプロジェクトを理解する最初の機会です。必ず実行しましょう。
　プロジェクトマネージャーにとっては、このミーティングでプロジェクトの意識をメンバー全員に共有させることが重要です。また、メンバー同士も顔を合わせることで、チームとしての一体感を形成するいい機会です。

全体ミーティング
- ミーティング対象：全員
- ミーティング目的：チーム内の意思疎通

　チーム全体で定期的に開催するミーティングです。プロデューサー、エンジニア、デザイナーなど、すべての職種の進捗具合、社内外でのヒアリングによるプロジェクトの期待値などをチームメンバー全員で共有し、意識を合わせます。実装作業を担当するメンバーと、営業やプロモーションなどを担うプロデューサーが意見を交換できる貴重な場でもあります。
　他社への外注、もしくは受注しているチームで開催する場合は、頻度を若干高くし、チームメンバー間で十分な意思疎通ができている必要があるでしょう。

朝会、朝一ミーティング
- ミーティング対象：エンジニア（デザイナー）
- ミーティング目的：エンジニア同士のタスク確認

　朝一番に実施するミーティングでは、エンジニアと必要であればデザイナーも含め、前日の作業状況の報告、当日の予定作業などを確認します。問題点を早めにキャッチし、素早いリカバリーを可能にするのが目的です。
　朝一番に実施する理由は、ミーティング後は当日の作業に集中させるためです。ミーティングの開催時間は極力短くして、解決すべき問題がある場合は、別途ミーティングを開催します。

> **タスクミーティング**
> - ミーティング対象：エンジニア（デザイナー）
> - ミーティング目的：一定期間のタスクの消化具合を確認、次の期間のタスクを調整

　前述の朝一番のミーティングと同じく、タスク管理を目的としますが、タスクミーティングでは、1週間などの区切られた期間内で消化したタスクの見積もりと実績の差異を確認し、続く次の期間で作業対象とするタスクを決定します。

　特にタスクの見積もりと実績の稼働時間の差異を把握することは重要で、見積もり精度を向上させる訓練になります。もちろん、タスクミーティングでの見積もりは大雑把ではなく、機能として明確に切り出されたタスクの見積もりを意味します。

　また、次の期間のタスクを設定することは、プロダクトの機能をミーティング時に見つめ直すことにもなるので、チームが目指す方向を定期的に再確認することにも繋がります。

> **ふりかえりミーティング**
> - ミーティング対象：全員
> - ミーティング目的：チームの問題点を見つけ、改善アクションを考える（KPTなど）

　ふりかえりミーティングは、前述のタスクミーティングと同様、例えば、1週間などの一定間隔で定期的に開催し、チーム全体でうまく機能しているアクションや問題点を洗い出し、チームを改善するアクションを考えます。タスクに関係する問題点などは除外し、純粋にチーム開発をより良くすることを目的としたミーティングです。

　ふりかえりミーティングでは、KPT（Keep-Problem-Try）がよく用いられます。ホワイトボードに、継続して実行することとして、「K」（Keep）と、問題点を洗い出す「P」（Problem）、Pの問題点をどう改善するか、新しいチャレンジなどを考える「T」（Try）の枠を用意します。

　まず、メンバー全員が「Keep」を付箋に書き出し、「K」の枠に貼り出します。貼る際には声を出して読み上げることが大事で、他のメンバーは目と耳で貼られた付箋のKeepを理解します。「Problem」も同様に「P」の枠に貼ります。

　「Try」は、「Keep」の項目をさらによくするにはどうするか、「Problem」にあげられた

問題点をどう解決できるかを考え、付箋に書き込んで「T」の枠に貼ります。

「Try」項目に優先順位を付けて実践していくことで、より良いチームを目指します。

目的はチームの問題点の洗い出しと改善にあるので、KPTを利用せずに、話しあいで問題点と改善案を出していく方法も、もちろん間違いではありません。

> **勉強会**
> - ミーティング対象：全員
> - ミーティング目的：チーム内のスキルレベルを上げる

勉強会は正確にはミーティングではありません。チーム全員が集まって各職種のメンバーで発表することで、違う職種・職域を学ぶことができます。また、違う職種に対して自分の職種の知識をどう説明すれば分かってもらえるかを考えるいい機会もあります。

チーム全員ではなく、同じ職種同士で勉強会を開催すると、グループ内のスキルレベルを同じ水準に近付け、向上させる効果が期待できます。

ミーティングのルール策定

前項で説明した各種のミーティングは、チーム開発でなくとも必ず開催されるものですが、チーム開発に限っては、議題も結論もない無駄なミーティングの開催は、メンバーの士気とスケジュールに大きな影響を及ぼします。

また、プロデューサーなど実装を担当しない管理側メンバーは、自分の空き時間にミーティングを設定する傾向がありますが、実はチーム開発では進捗が悪化しかねない行為になりかねません。

効率よくミーティングを開催し、チームメンバー全員への負担を少なくするためにも、ルールを策定する必要があります。

明確な目的とアジェンダの必要性

　ミーティングを開催する際は、何を話し合いたいのか、目的を明確にする必要があります。目的が曖昧なままミーティングを実施しても、何も解決できません。

　例えば、数日後にミーティングを実施する場合、あらかじめメンバーに告知する必要がありますが、「〜〜画面について」などの曖昧なミーティング名だけでは、何を目的としたどんなミーティングなのか伝わりません。

　詳細情報として、ミーティングの明確な目的を記述し、必要に応じてアジェンダなども用意して事前に公開しましょう。

　ブレインストーミングなど、アイデアを持ち寄りたいケースもあります。事前に目的や対象を伝えることで、アイデアを考える余裕が生まれ、さらに多くのアイデアが集まる可能性もあります。

　「とりあえずミーティングしましょう」など、目的も何もない空虚なミーティングほど無駄なものはありません。メンバーの貴重な時間を奪う自覚を持ち、ミーティングを設定しましょう。

　なお、アジェンダとして最低限必要となる項目は下記の通りです。

- ミーティングタイトル
- 日時
- 場所
- 出席者
- アジェンダ
- 議題
- 議論内容
- 結果
- 保留事項
- 補足

ファシリテーターの配置

　ミーティングでは、必ずファシリテーターとなるメンバーを1人配置します。

　ファシリテーターは本来、中立的な立場でミーティングとは無関係なメンバーが担当することが理想ですが、小さなチームでは難しいため、ミーティングの主催者が担当するケースもあります。

　そうした場合は、会議をコントロールする際に、自らの意見に引っ張り込まないように十分な配慮が必要です。いずれにせよ必ず1人はファシリテーターを配置し、ミーティングをコントロールします。

ファシリテーターは、アジェンダに沿ってきちんとミーティングを実行し、議論が脱線した際は、本題に戻るように誘導します。

また、参加メンバーが均等にきちんと発言する場を構成することも、ファシリテーターの大事な役割です。

開催時間の設定

実装を担当するエンジニアやデザイナーも招集するミーティングでは、開催時間にも注意する必要があります。

多くの場合、エンジニアやデザイナーは実装作業を行っているので、スケジュール表はほぼ空いています。逆にプロデューサーなど管理側は内外との調整などで、スケジュール表が埋まっているケースがほとんどです。

プロデューサーの都合でエンジニアやデザイナーを招集する場合、自分の空いている時間に招集してしまいがちです。

エンジニアやデザイナーは集中する時間が必要で、集中している状態とそうでないときでは進捗は大きく違います。ミーティングなどで集中状態を中断されると、集中力を取り戻すためには時間を要します。

そのため、ミーティングの設定時間はあらかじめメンバー間で話し合って、ルールを決めることをおすすめします。例えば、出社直後から集中することはないので、始業時間〜1時間以内で開始するなどです。同じ理由で昼休み後でも構いません。

また、ミーティングの長さにも配慮しましょう。長々としたミーティングは実装作業の時間が削られることを意味し、メンバーの士気も下がります。

短期で集中してミーティングできるように、開催者はアジェンダや資料をあらかじめメンバーに配布するなどの工夫をしましょう。

まとめ時間の確保

ミーティングの最後には、必ず一定のまとめ時間を確保しましょう。終了ぎりぎりの時間まで議論することを防ぎ、きちんと参加者が納得する、まとめができるようになります。

決まった時間になったら、必ずまとめに入ることで、自然と無駄な議論はなくなります。

目的とは関係のない議論が始まったら早めに軌道を修正し、まとめの時間内できちんとまとめられるようにしましょう。

まとめの時間でも議論が続き、まとまらない場合には、そのままダラダラと続けてしまうことはせず、次回に持ち越すようにします。

議事録の作成

　ミーティング開催時は必ず議事録を残しましょう。議事録を作成することで、仕様やルールなどの決定経緯を見返すことが可能になり、リリース後などでプロジェクトを振り返る際の資料にもなります。

　また、チーム外からでも参照可能にすることで、他チームからのよりよい提案や連携できる可能性も期待できます。可能であればクローズドにせず、できる限り他チームも参照できる状態にすることが理想です。

　議事録は必要に応じて項目が増えますが、事前に準備したアジェンダに記載している項目に、議論の内容や結果の項目を追加することで完結します。

　また、資料などがある場合は、議事録と共に保存しましょう。

Column：コスト意識を持つこと

　サラリーマンは会社から給与が支給されるため、人件費などのコストについて深く考えない人は多くいます。チーム開発によるプロジェクトでも、プロジェクトマネージャーなどマネージャー職は、プロジェクトの予算などの管理をする必要があるためコストについて考えていますが、メンバー1人1人はほとんど意識していないことが多いです。単純にスケジュールの締め切りから逆算してタスクをこなすだけではなく、そこから更にコストを考えてみると、実際に必要なことが見えてきます。たとえばミーティング一つとってもメンバーの時間をお金に換算してみます。ざっくり1人100万円／月（20日営業日・1日8時間労働）、1時間あたり約6千円かかると換算した場合、5人のメンバーで1時間ミーティングをすると、合計3万円もかかる計算になります。ミーティングの必要性もあるので、その金額に見合うミーティングなのか考えましょうというほど単純ではありませんが、せめて時間を有効に使うための考え方として身につけておくと、効率を考える一つの目安になるでしょう。たとえば、「とりあえず〜しましょう」という曖昧な時間の使い方はできなくなるはずです。ビルドに毎回20分かかる開発機を最新のPCに変えたら10分に短縮できるという場合でも、その費用対効果をきちんと示すことができれば、開発環境の改善に繋げられるかもしれません。無駄に手作業で進めている部分を、まとまった時間を作って自動化させれば最終的に得であるという考えもできるようになります。なんでも効率で片付けてはいけませんが、コストは常に発生しているということは覚えておきましょう。

2-5 チャットの活用

　メンバー間でのちょっとした確認や相談など、チーム開発でなくてはならないツールはチャットです。近年は数多くのチャットサービスがリリースされており、単なるチャット機能だけでなくさまざまな機能も搭載され、多くの選択肢があります。

　チャットサービスはそれぞれ使い勝手が大きく違うため、最初は少数のメンバーで試用して使い勝手を確認し、問題なければチーム全員に開放する方法が有効です。続いて、代表的なチャットサービスを紹介し、効率的なやり取りを解説します。

Google ハングアウト

　Googleが公開している無料のコミュニケーションツールです。

　Googleアカウントでログインでき、Web版Gmailの画面では、ハングアウトのメッセージの一覧を簡易的に表示できます。そのため、ちょっとやり取りはチャットで送り、こみ入った内容を送る場合はメールでやり取りすることが可能です。

　また、Web版ハングアウトはもちろん、スマートフォンアプリに限らず、Windows版やMac版のアプリケーションも用意されています。メッセージのやり取りが多い場合は常時起動しておくなど、それぞれの用途に合わせて使用できます。「Chromeウェブストア」には専用の拡張機能が用意されています。

　テキストだけではなく、音声やビデオチャットも可能であるため、遠方にいるメンバーとのミーティングなどにも使えるのが特徴です。

　ファイル共有は、ハングアウト独自の機能ではなく、Googleドライブを利用して実現しているため、高い自由度を誇りますが、アクセス権の設定など若干手順が多くなるのがデメリットです。

　なお、各種APIが公開されているため、botなどの機能拡張も可能です。

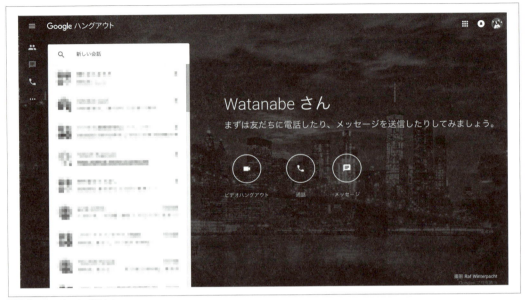

図2-9　Googleハングアウト

国産のチャットワーク(Chatwork)

「チャットワーク」(Chatwork)は、日本生まれのチャットサービスです。国内で開発されているため、日本語処理に関してはまったく問題がありません。

チャットに関しても一通りの機能を備えており過不足はありません。また、Todoなどのタスク管理機能が搭載されているので、チーム内のメンバーがどれくらい作業を抱えているのか、チャット画面で参照できます。

Webアプリケーションとして利用できる他、iOS版、Android版とスマートフォン各種のアプリケーションが用意されています。

前述のGoogleハングアウトと同様、ビデオチャットと音声通話も対応しているので、遠隔地のメンバーとのミーティングにも利用できます。

Chatworkでは、無料で試せる「フリー」プランが用意され手軽に試せます。1アカウントで14グループまで所属できます。また、5GBのストレージが付属し、1対1でのビデオチャットに対応しています。

「フリー」プランの他には、「パーソナル」(1ユーザー・月額400円)、組織を対象とした「ビジネス」(同・月額500円)と管理機能を強化し

た「エンタープライズ」(同・月額800円)の各種プランが用意されており、広告の非表示をはじめ制限が緩和されています。

無料の「フリー」プランでも十分に実用に耐えますが、グループ数の制限に達した場合やグループでのビデオチャットを利用したい場合は、有料プランを検討しましょう。

なお、Googleハングアウトと同様、APIが公開されているので、botなどの機能を作成できます。

図2-10　Chatwork（チャットワーク）

Slack

最近人気のチャットサービスは「Slack」です。チームごとにメンバーを集めて、チャンネルと呼ばれるチャットルームを作成します。

Slackでは複数のチームを作成でき、複数のチームに所属できます。チームごとにURLが生成され、チーム内に複数のチャンネルを作成することも可能です。チーム内のチャンネルには、個別にアクセス権を付与できるので、チーム内の特定メンバーとだけ議論することも可能です。

前述のGoogleハングアウトやChatworkなど、既存のチャットとは使い勝手が少々異なりますが、チーム開発にはぴったりのサービスです。

Markdown形式で記述できるほか、コードスニペットの表示、各種のファイルも送信でき、チャットに貼られたURLはもちろん、PSDなど各種画像も自動的に展開され表示されるなど、エンジニアが求める機能が用意されています。

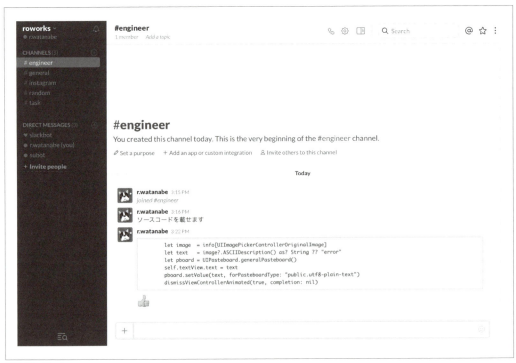

図2-11　Slack

APIも公開されていますが、数多く公開されているbotを使って簡単に機能を拡張することができます。

Web版の他に、iOSやAndroidなどのスマートフォン、Mac版やWindows版に対応するアプリケーションが用意されています。

チャットでは要件を簡潔に！

チャットはメールと違い、リアルタイムでのやり取りを主目的とするサービスです。メールとは違って、簡潔に要件を伝えることが重要です。

例えば、「お疲れ様です。渡辺です」と挨拶から入ると、相手は次のメッセージを待つ必要があり、「ちょっと質問したいのですがよろしいですか？」と続くと、実際の要件にたどり着くにはさらに時間が掛かります。

これでは待っている相手の時間を無駄に浪費することになります。丁寧なことも大事ですが、チャットでは挨拶や前置きなどは省き、「〜〜画像の切り出しをお願いします」など、要件を簡潔に伝え、相手の時間を無駄にしないよう心掛けましょう。

簡潔なメッセージでも相手を思いやることは必要なことなので、状況から簡潔に書くのは躊躇してしまうのであれば、あらかじめメッセージのテキストを書き起こしておき、「お疲れ様です」などの前書きに要件を続けるか、いっそのことメールで丁寧なメッセージを送信するとよいでしょう。必要に応じて、挨拶に関してもルール化するとスムーズに物事を運べるかもしれません。

チャットでのやり取りに、挨拶を含むといかに無駄な時間を要するか、左図にサンプルを示します（図2-12）。このケースでは、本当に質問したい問い合わせを切り出すまでに約8分を要しています。

図2-12　挨拶が長く悪い例

図2-13　短時間で簡潔なやり取りの例

　もちろん、回答するメンバーがチャットにずっと張り付いていれば短縮できますが、それでも数分は確実に無駄な時間となってしまいます。

　このケースで挨拶を省き、簡潔に質問だけでやり取りする場合を上図に示します（図2-13）。上記の例では、すぐに回答側が気付いたため、約1分でやり取りが完了しています。
　仮にチャットのメッセージに気が付くのが遅くなったとしても、その時点で即座に回答すれば、この話題は終了となるので、負担は軽くすみます。

会話が交錯する場合は？

　メンバー同士のやりとりが活発になり、1つのチャットルームで会話が交錯し、流れが速くて見逃してしまう場合も多々あります。
　こうしたケースでは、臨時でチャットルームを分割するなどの工夫を凝らしましょう。もしくは緊急ではない場合は、他のやり取りが落ち着いてから話題にするなどの配慮も必要です。

　チャットサービスには、メンバーに直接メッセージを送信できるダイレクトメッセージ機能があります。特に他のメンバーに知らせる必要がないメッセージであれば、特定のメンバーに直接メッセージを送信しても構いません。ただし、必要以上にダイレクトメッセージを利用すると、ブラックボックスと化してしまい、チームメンバーが知っておくべき情報が特定メンバー間だけでやり取りされ、メンバー間での情報共有に偏りが生じてしまいます。可能な限り、オープンな状態で情報をやり取りすることを心掛けましょう。

Chapter 3

チーム開発のツール

最近は開発ツールが数多く公開されており、チーム開発で上手に活用すると、生産性の向上に繋がります。多種多様なツールが公開されているので、開発チームに役立つものは、随時検証して取り入れましょう。ただし、チームで採用するツールが多くなりすぎると、生産性を低下させる可能性があるため、導入は慎重に判断すべきです。

本章では、数ある開発ツールから最低限必要なツールを紹介し、チーム開発への導入を解説します。

- **3-1** バージョン管理システム
- **3-2** 進捗・タスク管理
- **3-3** 記録の必要性
- **3-4** プロトタイプ作成ツール
- **3-5** デザイン進捗管理ツール
- **3-6** デザイン・リソース／指示書作成
- **3-7** Git・GitHubの利用
- **3-8** Git・GitHubの開発フロー
- **3-9** Vagrantによる開発環境の構築
- **3-10** Dockerによる開発環境の構築

3-1 バージョン管理システム

　チーム開発で必要となるツールには、UIやUXを検討する際に利用するプロトタイピングツール、ソースコードを管理するバージョン管理ツール、コミュニケーションを活性化させるチャットサービス、作業内容とチームメンバーを割り当てるツールなど、さまざまな用途のものがあり、それぞれ有用なものが有料、無料を問わず公開されています。

　本項では、チーム開発に適切なツール、まずはバージョン管理システムを紹介します。

バージョン管理システムとは？

　バージョン管理システムとは、プログラムのソースコードなどの変更履歴を記録し、過去のソースコードを遡って参照したり、差分を確認できるシステムです。

　代表的なものには「Git」や「Concurrent Versions System」(CVS)、「Apache Subversion」(Subversion)などがあります。Windowsを開発環境にするエンジニアは、「Microsoft Visual SourceSafe」(VSS)を利用したことがあるかもしれません。これもバージョン管理システムです。

　いずれのシステムもソースコードなどのファイルを履歴として記録し、変更点を参照できます。バイナリファイルも履歴として記録可能です。ファイル履歴として記録されているため、ファイルを遡って取得でき、例えば、1つ前にリリースしたソースを取り出すことも容易です。

　バージョン管理システムは、複数人での開発が想定されていることも特徴の1つです。変更を加えた人物の特定ができ、同一ファイルを同時に編集する場合も考慮されています。

　具体的には、ファイルをロックして他人がソースコードを変更できなくする、もしくは同一ファイルを編集しても、修正箇所をきちんとマージ、仮に自動でマージできない場合は、コンフリクト(衝突)箇所を表示することも可能です。

集中型と分散型

バージョン管理システムにはさまざまなものが公開されていますが、大きく2種類に分類できます。CVSやSubversion、VSSなどは集中型バージョン管理システム、もしくはクライアントサーバ型バージョン管理システムと呼ばれる方式です。

1つのプロジェクト（ソースコードの集まり）を管理するデータベースのことをリポジトリと呼びます。サーバ上にリポジトリを作成し、複数人がそのサーバに接続してファイルを取り出してコードを修正し、リポジトリに反映する作業を繰り返します。

履歴はサーバ上のリポジトリのみで管理されているため、サーバに接続できない環境で履歴を参照できません。また、ローカル環境にはファイルのコピーが置かれているだけなので、ローカルでの変更履歴を持つことができません。

集中型に対して、Gitなど最近のバージョン管理システムの多くは、分散型バージョン管理システムと呼ばれる方式を採用しています。

分散型の最大の特徴は、履歴などの情報をサーバ上のリポジトリだけではなく、各ローカル環境（ローカルリポジトリ）にすべての情報をコピーし、ローカル上で履歴を管理可能な点です。

ローカルにもリポジトリが存在するため、サーバに接続できない状態でもファイルを更

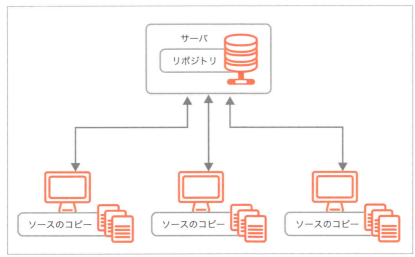

図3-1　集中型ファイル管理システムのイメージ

新し、ローカルリポジトリに反映させ、履歴として保存することが可能です。ローカルに溜め込んだ履歴は、最終的にサーバ上のリポジトリに反映できます。

本書では、最近主流となっているGitを用いた方法を解説します。

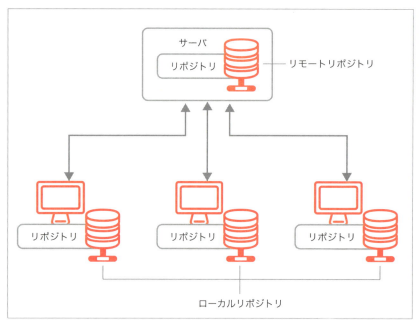

図3-2　分散型ファイル管理システムのイメージ

バージョン管理での用語

バージョン管理システムでは、さまざまな用語が利用されます。システムごとに若干の違いはありますが、本項では、Gitで使われる用語を基準に、各システムではどのように呼ばれているかも含めて、簡単に説明します。

リポジトリ

1つのプロジェクト（ソースコードの集まり）を管理するデータベースのことを、「リポジトリ」と呼びます。

Gitは分散型であるため、リモートリポジトリとローカルリポジトリの双方が存在します。リモートリポジトリはサーバ側にあるリポジ

リのことを指し、ローカルリポジトリはその名の通り、ローカル環境に存在するリポジトリを指します。

一方、Subversionなどの集中型の場合には、ローカルリポジトリは存在しません。すべての履歴が、サーバにあるリポジトリのみで管理されます。

ブランチ

チームで開発を進めている場合、機能の追加や修正のフェーズなどでは、他機能のソースコードが混在すると困るケースがあります。

バージョン管理システムでは、元になるソースから分岐させて、分岐先のソースに対して機能を追加し、最終的に元ソースにマージすることが可能です。

この分岐を「ブランチ」と呼びます。「木の枝」(＝ブランチ)を想像すると分かりやすいでしょう。分岐によって、例えば、安定したソースと開発用ソースを明確に分離することが可能です。ブランチに関しては、「3-8 Git・GitHub の開発フロー」で詳述します(P.083参照)。

クローン

ローカル環境にリポジトリの「クローン」(コピー)を作成します。このコピーされたリポジトリがローカルリポジトリとなります。

クローンはローカルリポジトリ作成時に一度実行すればよく、以降の更新はローカルリポジトリに対して行います。

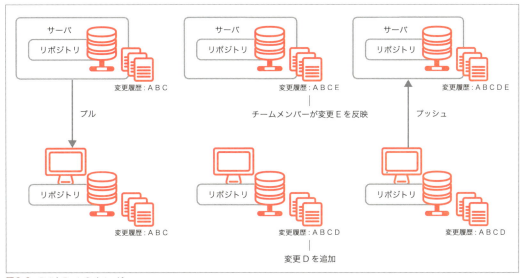

図3-3　PullとPushのイメージ

プッシュ

　ローカルリポジトリの変更履歴をリモートリポジトリに送信し、変更履歴をマージすることを「プッシュ」と呼びます。このプッシュを実行しなければ、ローカルリポジトリのみに変更履歴が蓄積され、リモートリポジトリには影響がないことを意味します。

　なお、Gitなどの分散型のみで必要なマージ作業で、Subversionなどでは存在しません。

プル

　「プル」は前述のプッシュとは逆の操作で、リモートリポジトリの変更履歴をローカルリポジトリにマージする行為です。チームメンバーが追加・修正したコードを取り込む際に実行します。

　プッシュ同様、Gitなどの分散型のみの用語で、Subversionなどでは存在しません。

コミット

　ファイルの変更をリポジトリに反映させる行為です。集中型の場合はローカルリポジトリに反映させますが、集中型の場合ではサーバにあるリポジトリに内容を反映させます。コミットは、チェックインと呼ばれる場合もあります。

チェックアウト

　「チェックアウト」は集中型ファイル管理システムで使われる用語で、リポジトリの保存されているファイルをローカル環境にコピーする操作です。

　前述の「プル」と似通ったイメージを持ちますが、プルがリモートリポジトリの変更履歴すべてをローカルリポジトリに反映させるのに対して、変更されたファイルそのものをローカル環境に反映します。

プルリクエスト

　「プルリクエスト」はGitではなく、GitHubでの機能ですが、派生ブランチで修正した内容に関して、元ブランチへのマージをリクエストする機能です。

　元ブランチから「プル」をリクエストしてもらうことから、プルリクエストの呼び名が付いています。プルリクエストが届いたら、チームメンバーが修正内容を精査してマージする流れになります。

3-2 進捗・タスク管理

時間もコストも気にせずに最高のものを作ってくれれば構わない、そんな富豪的なプロダクトは世の中には存在しません。チーム開発でなくとも、進捗の管理やタスク管理は重要です。

もしかしたら、Excelで進捗を管理しているプロジェクトもあるかもしれません。しかし、タスクの変更を反映したいときに、別の誰かがファイルを開いてロックしてしまい、その場で登録できずに、反映を忘れてしまうこともあります。

本来、Excelは表計算ソフトです。見積もりの工数計算には適していますが、タスク管理などには適していません。また、タスクだけ管理しても情報が共有されなければ、プロジェクトは進みません。

各メンバーが抱えているタスクの確認、消化されたタスクのチェック、特定の機能に関連するタスクの表示など、実際にプロジェクトが動き出すと、さまざまな要望が出てきます。もちろん、こうした機能がなくとも、小さいプロジェクトであれば、十分に遂行できます。しかし、ボトルネックの把握が容易ではなくなり、プロジェクトの遅延などの問題が発生するかもしれません。

本項では、ツールを利用して進捗やタスクを上手に管理する方法を解説します。

チケットによる管理

チーム開発だけに留まらず、プロジェクト進行においてタスク管理は重要です。

タスクは新機能や修正など、何かしら実装作業が必要となるものが発生したら、すぐに登録すべきです。また、タスク登録はメンバーの振り分けや見積もりが必要なため、簡単に情報を残せると便利です。

例えば、「チケット駆動開発」と呼ばれる手法があります。タスクをチケットとして管理し、コードをコミットする際には、必ずチケット番号を付与します。

タスクとコードを一致させることで、どのタスクにどんな内容のコードを用意したか（変更したか）明確にする手法です。

開発手法としては単純で分かりやすいため、ツールを利用すればメンバーの導入負荷も軽いはずです。また、チケット駆動開発を導入しなくとも、少なくともタスクはチケットとして細かく登録し、どのような作業があるのかを明確にわかるようにすべきです。

工数管理

　チケットを登録したら、まずは工数を見積もります。工数の決め方にはさまざまな方法があります。

　もし、チケット担当の割り振りを先行させて、担当者が工数を見積もるルールであれば、担当者自身がいままでの見積もりと実績を考慮して、工数を入力しましょう。仮に他人が作業すれば1日で完了するチケットであっても、担当者それぞれでスキルレベルが違うため、必ず過去の実績などを考慮して設定します。

　実際にチケットのタスクを複数こなし、実際の工数を記録し、当初の見積もりとどの程度の乖離があったかを確認します。大きな乖離がある場合は、必ず何が原因であったか振り返り、以降の見積もりに生かしましょう。

　この作業を繰り返すことで、徐々に見積もり精度が上がるはずです。見積もりで注意すべきことは、1日全部の時間を利用できると考えてはいけないことです。

　例えば、1日の労働時間が7時間のケースでは、7時間を1日と見積もるのではなく、ミーティングなどによる割り込みで、実装に使える時間は5時間程度と考えて、見積もり工数を決めましょう。また、期限ありきで見積もることは危険です。間に合うように工数を見積もりがちですが、無茶な見積もり工数を算出しても、できないものはできません。

　なお、プロジェクト全体を眺めたときに、元々設定された工数と大きく乖離するケースがあります。その場合は、チケットの優先順位を設定し、優先度によって実装の順番を決めて、優先順位が低いチケットは保留にするなどの工夫が必要になります。

　続いて、代表的なチケット管理システムを紹介しましょう。

ガントチャートが便利なRedmine

　Redmineは歴史のあるオープンソースソフトウェアで、チケット管理をはじめとしてガントチャートの表示、Gitとの連携など、プロジェクト管理に必要な機能はほとんど搭載されているのが特徴です。

　Wiki機能も用意されているので、各種の情報も記録でき、はじめて導入するチケット管理ツールとしては申し分ありません。動作環境として、「Ruby」および「Ruby on Rails」、「MySQL」（SQLiteなどで代用可）が必要です。

　チケットの登録は非常に簡単です。もちろん、そのまま登録しても構いませんが、どの処理に含まれるかカテゴリで指定しましょう。

　例えば、カテゴリには、「iOS」や「Android」、「API」など、まずは大きな分類で設定して、チケット登録と同時にカテゴリの指定を習慣化することをおすすめします。

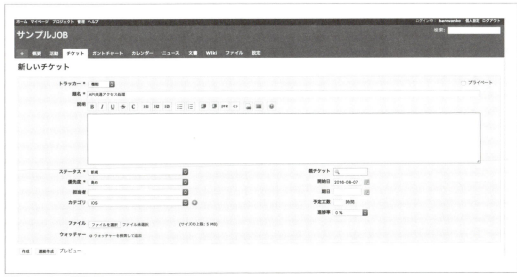

図3-4　チケット登録画面

　GitHubと連携するには、ちょっとした設定が必要になります（本項で設定方法は説明しません）。Redmineの公式Webサイトを参照して設定しましょう。

　GitHubと連携すると、Redmineでの検索でGitのコメントも取得可能になります。また、チケットとコミットを連動させると、どのチケットによる修正か簡単に分かり、後で確認

する際に探しやすくなります。コードを修正してコミットする際に、コメントメッセージにチケット番号を示す「refs #1234」を入力するだけで認識されます。

```
refs #1234 リンク切れを修正
```

コード3-1　コメントメッセージ

　ちなみに、Redmineでは各チケットに開始日と終了予定日を入力することで、ガントチャートによるスケジュール表示が可能です。

　ただし、最新バージョンではガントチャート画面から日付の移動などができないため、チケット画面で設定する必要があります。

　なお、ガントチャート画面での日付移動を可能にするプラグイン「Easy Gantt[*1]」をインストールすると、ガントチャート上でスケジュールをドラッグして調整可能です。

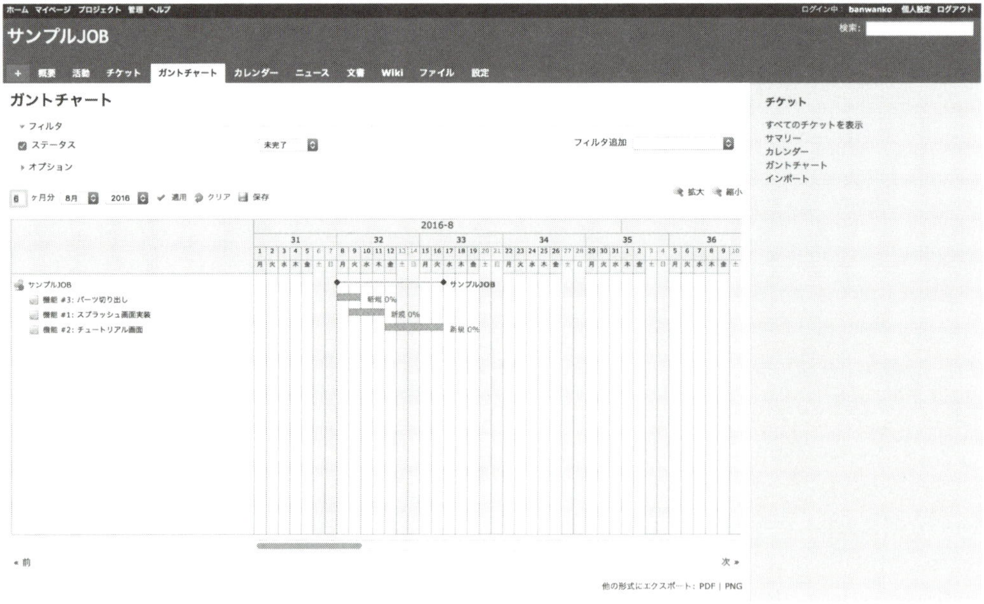

図3-5　標準のガントチャート表示

*1　https://www.easyredmine.com/redmine-gantt-plugin

チケット管理で定番のJIRA

「JIRA」はチーム開発に便利なツールを数多く提供しているAtlassian社の製品で、プロジェクトと課題管理に特化したツールです。

JIRAにはさまざまな機能が用意されていますが、一度に多くの機能を使いこなそうとすると、長続きしません。導入当初は、機能を把握することを優先して、慣れるまではエピックの設定とタスク管理だけに特化させて利用することをおすすめします。

図3-6　JIRA

前述のエピックはいわばカテゴリのようなもので、チーム内での大きな塊として使用します。例えば、プロジェクトをWebとスマートフォンのiOS版とAndroid版の3プラットフォームで展開する場合、エピックとしては、「iOS」、「Android」、「API」、「Webフロントエンド」などを用意して登録します。また、必要に応じて「デザイン」を追加で用意するのもよいでしょう。

タスクを登録する際に、エピックに紐付けます。紐付けによって、タスクがどこに分類されるのか一目で識別でき、漠然とタスク残

量を確認する際にも役立ちます。

　タスクを登録し、実際に作業を開始する際に、必ずステータスを進行中に変更することを忘れないようにします。また、作業完了時にもステータスを完了にする習慣を身に付けましょう。

　タスクの登録程度であれば、余裕をもって作業できるはずです。ここでは一歩進んでスプリントも導入することをおすすめします。

　スプリントは、スクラムと呼ばれるチーム開発フレームワークで用いられる手法で、期間を区切って実装するタスクを登録し、期間終了時には実際に消化したタスクをレビューします。

　スプリントでは、期間終了時にレビューすることで、徐々に見積もり精度を高めていきますが、導入当初は1週間の期間で区切り、スプリント名も「8月第1週」などと名付け、1週間で処理可能なタスクを登録しましょう。

　期間終了時に実際のタスク消化をレビューし、引き続き翌週をスプリントとして進めるなど、まずはタスク管理とレビューの習慣を身に付けましょう。

図3-7　JIRAのバックログ

機能が豊富なBacklog

「Backlog」は株式会社ヌーラボが運営しているプロジェクト管理サービスです。Gitリポジトリも連動して管理することで、GitHubのように扱うことが可能です。

既に登場から10年以上が経過していますが、現時点でも煩雑な印象はなく、操作方法が分かりやすいところが特徴です。

基本的な機能は他のツールとほぼ変わらず、タスクへのカテゴリ設定機能もあり、ガントチャートの表示機能も用意されています(有料版)。

ソース管理はGitHub、タスク管理はこのツール!と、複数のサービスで管理するのではなく、1カ所ですべてを管理したいケースでは、Backlogは有力な選択肢です。

図3-8　Backlog

GitHub Issueの活用

GitHubにはIssueを登録する機能が用意されているので、これをタスク管理に利用することも可能です。

ラベルに「TODO」や「iOS」、「Android」などを登録し、Milestoneには区切りの期間を設定、Issue登録時にラベルとMilestone

をセットすると、タスクの判別が容易になります。Assigneeには担当者を登録します。

ソースとの紐付けが容易になり、プルリクエスト時には #Issue番号 をコメントに含めると、そのままリンクが貼られます。遡ってIssueに対してソースをどう修正したのかも簡単に確認できます。

ラベルの使用方法に決まりはないので、チームで管理しやすいラベルを登録しましょう。

また、Projectsを使えば、Isuueをタスクとして画面上で動かして、進捗状況を簡単に把握可能になります。

なお、GitHubにはWiki機能も用意されています。仕様をある程度Wikiに記載してしまえば、GitHubだけでタスク管理から仕様の管理まで可能となります。

図3-9　GitHub Issue

図3-10　GitHub Projects

3-3 記録の必要性

　チーム開発ではタスクなどの進捗管理ももちろん重要ですが、決定事項やチーム間での共有事項などの情報を記録する必要があります。

　情報を記録せずに開発を進めると、メンバー間で認識のズレが発生します。何よりも途中から合流するメンバーが、チームの状況を理解できなくなります。

　また、現在のプロジェクトに限らず、他のチームなどにも積極的に情報を公開することで、類似した仕様の記録を参照したり、仕様そのものや、そこに至る経緯、発生した問題点などを事前に把握できるメリットがあります。

　実装作業も同様で、エンジニアが実装に関する記録を残すことで、他チームが同じ機能

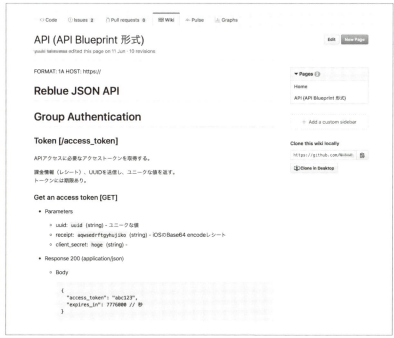

図 3-11　GitHub の Wiki で記録

を同じように再実装する、俗に「車輪の再発明」ともいわれる無駄も減らすことができます。
　この通り、記録は重要な資料ですが、記録を残す作業は相応の労力を要します。記録を取りやすく、閲覧性が高いツールを採用する必要があります。

ソースコードと親和性の高いGitHub Wiki

　GitHubのWiki機能は意外と利用されていませんが、情報を記録する機能は一通りあり、Git内の画像を含めた各種ファイルを、Wiki内で表示可能です。ただし、GitHubはソースコード管理の目的で使われるため、エンジニア以外からは敬遠される傾向があります。
　例えば、ソースコード関連の仕様などはエンジニア以外は閲覧しないため、他のメンバーには参照しない記事はノイズになります。
　そこで、エンジニアが必要とする仕様などはGitHub Wikiを利用し、エンジニア以外も参照する、全体的な仕様に関わる部分は、別システムで記録する方法を検討するのが賢いのかもしれません。

図3-12　GitHub Wikiの編集画面

世界で広く利用されているConfluence

「Confluence」は前述のJIRAやBitBucketを開発販売しているAtlassian社の製品です。

Atlassian社の他製品と同様にプラグインが充実しているので、プラグイン導入によって記録の容易さが変わります。

また、JIRAを導入しているとConfluence側からJIRAの情報を表示できるため、タスク管理と情報の記録がスマートに行えるメリットがあります。なお、Atlassianは比較的頻繁にバージョンアップしているため、熱心にサービスを育てている印象もあります。

ConfluenceではGUIでの入力です。ファイル添付なども簡単なので、エンジニア以外のメンバーでも気軽に記録できます。

また、標準状態でも記事の表示は綺麗ですが、記事内にHTMLブロックを埋め込み可能なため、CSSを記述することで表示を工夫することもできます。

図3-13　Confluenceの記事表示

国産で勢いのあるQiita:Team

「Qiita」はエンジニアには馴染みのあるサービスで、プログラミング知識を共有する目的で、主に技術的な記事がオープンで公開されています。有料サービス「Qiita:Team」が用意されており、一般には非公開のクローズドな空間を、チーム専用として作成できます。

Qiitaの記事は、ブラウザ上でMarkdown形式で記述すると、右ペインにプレビューが表示され、リアルタイムで更新されます。

また、Qiitaには、Mac版とWindows版の情報記録・共有ソフト「Kobito」があり、ブラウザでの記事作成とは違い、オフライン状態で書き溜めて、オンライン状態でQiitaに送信することも可能です。

Markdown形式での記述なので、エンジニア以外は戸惑う可能性もありますが、記事で利用するタグは少ないため、すぐに慣れることができます。

図3-14　Qiitaの編集画面

図3-15　Qiitaの記事表示

柔軟性のあるGoogleドライブ

　Google社のサービスに「Googleドライブ」があります。ドキュメント作成やスプレッドシートを利用できるので、個人で使用しているユーザーも多いことでしょう。

　Googleの無料アカウントで利用する場合、特定ユーザーと共有することも可能ですが、文書ごとに毎回設定する必要があります。

　ビジネス向けプランである「G Suite」を利用すると、Googleドライブで登録しているデータを、チーム内のユーザー間で自由に共有可能となります。また、デフォルトでチーム（ドメイン）共有に設定することも可能です。

　Googleドライブは、Microsoft Officeに類似し、ドキュメント作成に限らず、数値計算が可能なスプレッドシートも利用可能です。

　プロジェクトマネージャなど、Markdown形式に慣れていないメンバーでも簡単に扱え、チーム間の情報共有ツールに適しています。

また、各ツールは複数人での同時編集も可能なため、例えば、メンバー全員でドキュメントを開き、話し合いながらリアルタイムで編集することも可能です。

従来のドキュメントファイルでは、誰か1人が記録してまとめたものを、メンバー全員にそれぞれ確認してもらう手間が省けるため、確認漏れや記入漏れを未然に防げます。

また、Google検索では、Googleドライブ内のドキュメントも対象となるので、文書内の情報が検索にヒットし、求めるドキュメントを簡単に探し出せるのも利点です。Googleのサービスとも連携できるため、あらゆる用途に対応できます。

オフィスツールで定番のOffice 365

「Office 365」はマイクロソフト社のオフィス製品です。Office 365はデスクトップ版である「Office 2016」の他に、Web上で同等の機能を使えるサービスも提供しています。

また、個別ライセンスの他に、法人向けのライセンスも用意されており、もちろん、チーム間でのドキュメント共有も可能です。

Microsoft Officeに習熟しているメンバーが多いチームでは、ツールの学習コストが必要ないため、有力な選択肢になります。

しかし、他のサービスと比較すると、Office 365である機能的な必然性が低いため、日常的にOffice製品を利用しているメンバーがいない、もしくは1名程度であれば、敢えて選択する必要はないといえます。

3-4 プロトタイプ作成ツール

　プロジェクト管理や開発だけではなく、デザインをサポートするツールも数多く存在します。プロジェクト管理と同様、サポートツールをうまく活用することで、デザイン業務を大きく効率化することが可能です。

　本項ではデザイナーが担当するプロトタイプ作成をサポートするツールをはじめ、デザイン進捗管理ツール、画面デザインとリソース作成、デザイン指示書作成を補助するツールを紹介します。

プロトタイプとは？

　プロトタイプとは、主にシミュレーションを目的として作成される動作モックのことを指します。プロトタイプを作成することで、パソコンの画面上や実際のスマートフォン端末で、アプリケーションに近い感覚で動作するものを確認できます。

　レイアウトの印象やサイズ感、画面遷移など、実物に近い状態で使い勝手を確認できるため、プロトタイプは非常に有用です。

　しかし、プロトタイプ作成に時間が掛かり、開発スケジュールに支障を来してしまうのは本末転倒です。プロトタイプを短時間かつ効率的に作成するため、プロトタイプ作成ツールを利用しましょう。

　現在、数多くのプロトタイプ作成ツールが公開されています。どのツールを選択するかは、プロジェクトの状況次第ですが、ツールの特徴を踏まえて、開発規模やチーム状況に合致したものを選択しましょう。

定番の国産プロトタイプ作成ツールPrott

　前述の「2-2 リリースまでの流れ」(P.012)でも紹介した「Prott[2]」は、Goodpatch社が提供するプロトタイプ作成ツールです。

　Webブラウザ上でWebサイトやスマートフォンアプリケーションのプロトタイプを作成できます。また、ワイヤーフレーム作成機能

など、さまざまなコンポーネントやプラグインも用意されています。さらに、作成したプロトタイプをオンラインで共有できるため、チームメンバーへの情報共有にも役立ちます。

「Freeプラン」では、1ユーザー・1プロジェクトまで無料で利用できるため、使い勝手を試すことができます。

「Starterプラン」（月額1,900円／1ユーザー、3プロジェクト）では、プロジェクトのアーカイブ機能やスクリーン復元機能が利用でき、「Proプラン」（月額3,900円／1ユーザー、プロジェクト無制限）では、ワイヤーフレーム機能が追加されます。

チームで利用する場合は、共同編集をサポートする「Teamプラン」（月額7,400円～／2～14ユーザー、プロジェクト無制限）、グループ機能をサポートする「Enterpriseプラン」（15ユーザー、条件は要問い合わせ）などが用意されています。

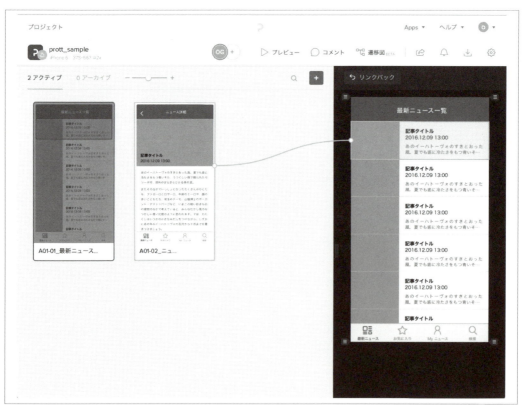

図3-16　Prott

*2　https://prottapp.com/app/

Adobeが提供するAdobe Experience Design (XD)

「Adobe Experience Design[*3]」は、各種クリエイティブツールを公開しているAdobe社のプロトタイプ作成ツールです（執筆時2016年12月現在ではベータ版のみの公開）。

前述のProttと同じく、さまざまなプラットフォーム向けのプロトタイプを作成可能で、オンラインでチーム内にプロトタイプを共有することも可能です。また、Adobe製品であるため、PhotoshopやIllustratorなど従来のAdobeクリエイティブツールとの親和性が高いことも特徴の1つです。

ちなみに、Adobe Creative Cloud（コンプリートプラン／月額4,980円）を契約していれば利用できます。既にCreative Cloudユーザーであれば、新たに導入しても追加でコストが掛かることはありません。

図3-17　Adobe Experience Design (XD)

*3　http://www.adobe.com/jp/products/experience-design.html

3-5 デザイン進捗管理ツール

デザイン専用進捗管理ツール Brushup

「Brushup*4」は、デザインレビューの効率化を図るクラウドサービスです。前述した「Redmine」や「JIRA」、「Backlog」と同様に、タイムライン形式でデザインチェックやコメントをやり取りできるため、受け取った内容のチェックから返信までスムーズに進められ、メールでのタスク管理が不要になります。

デザインの進捗管理に特化しており、大量のデザインデータをサムネイル一覧で確認できます。また、デザインデータはPSDやAIな

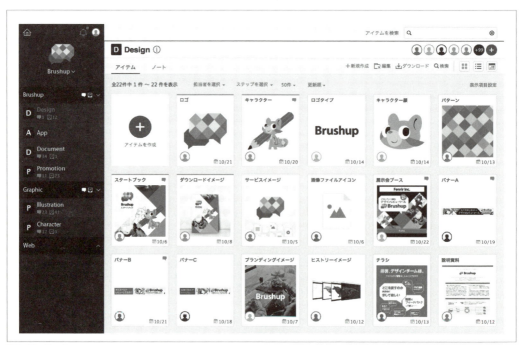

図3-18　Brushup

*4　https://www.brushup.net/

どのネイティブデータをアップロードでき、専用ソフトなしでも閲覧可能な形式に自動変換されるため、効率的にプロジェクトチームメンバーとデザインデータを共有できます。

また、イラストや動画に直接手書きしたり、コメントの書き込みも可能です。デザイン重視のプロジェクト、ゲームのキャラクターやイラストなど、ビジュアル要素の管理に役立つツールです。

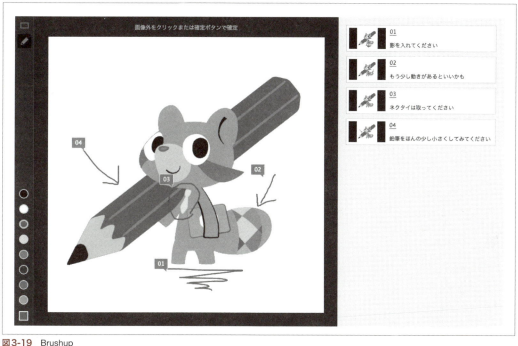

図3-19 Brushup

Brushupは、10ユーザー・1ワークスペース、容量100MBまでは無料で利用できます。

無料の「ENTRY」以外では、「START UP」（月額3,000円／30ユーザー・10ワークスペース、容量10GB）、「BASIC」（月額10,000円／100ユーザー・50ワークスペース、容量50GB）、「ENTERPRISE」（月額50,000円／ユーザー・ワークスペース無制限、容量300GB）の3種類が料金プランとして用意されています。また、ENTERPRISEでは、容量拡張オプションも用意されているので、チームに最適なプランを選択可能です。

3-6 デザイン・リソース／指示書作成

デジタルメディアデザインに特化したSketch

　最近はデジタルメディア向けデザインツールとして、「Sketch[*4]」が注目されています。

　デザイナーツールでは、IllustratorなどのAdobe製品が依然として主流ですが、軽い動作で習得が簡単なことが特徴のSketchは、安価（99ドル）で導入ハードルが低いこともあり、急速にシェアを伸ばしています。

　精細なグラフィックを作り込むことには不向きですが、リソース作成機能が充実しており、Webサービスやスマートフォンアプリケーションなど、デジタルメディア向けのデザイン制作には適しています。

　「Sketch App Sources[*5]」などで多くのテンプレートが無料で公開されている他、さま

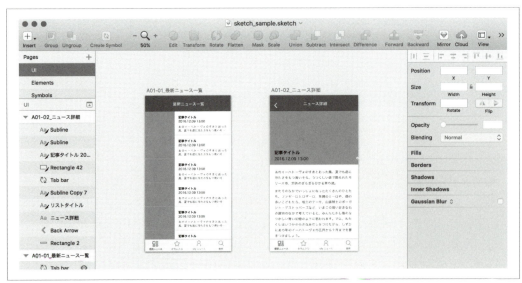

図3-20　Sketch

[*4] http://www.sketchapp.com/
[*5] http://www.sketchappsources.com/

ざまなプラグインが公開されています。特に、「Sketch Measure[6]」プラグインを使うと、各要素間のマージンなどのレイアウト情報を自動算出して表示されます。HTML形式での出力もできるため、指示書作成の必要がなくなります。

SketchからのデザインJ指示書作成・共有ツールZeplin

「Zeplin[7]」は、前述のSketchで制作したデザイン画面で、リソース作成やデザイン指示を自動で作成するツールです。

特にデザイン指示の機能は、前述のSketch Measureと同様、自動で算出して表示します。

図3-21　Zeplin

*6　https://github.com/utom/sketch-measure
*7　https://zeplin.io/

ZeplinにはWeb版とMac版が用意されています。データ共有機能もあり、デザイナーとエンジニアなどのチームメンバー間で、画面デザインの情報を共有するコミュニケーションツールとして活用できます。

1プロジェクトまで無料で利用でき、他にも「STARTER」プラン（月額19ドル／3プロジェクト）、「GROWING BUSINESS」（月額29ドル／8プロジェクト）、「COMPANY」（月額100ドル／プロジェクト数無制限）が用意されています。いずれのプランでも利用人数に制限はありません。

Column：SketchとAdobe系デザインソフトの比較

本節で紹介したSketch（P.066）ですが、これまでデザイナーが使ってきたPhotoshopやIllustratorなどのAdobe系のデザインソフトとは何が違うのでしょうか。

Sketchはデジタルメディア向けのデザイン制作に特化したツールです。デザインに必要な機能は一通り揃いつつ、シンプルで学習コストが低く、価格も安価です。また、スマートフォン向けに各種画面密度ごとに画像リソースを自動で書き出す機能も搭載されています。導入のハードルが低く利便性も高いため、デザイナーのみではなくエンジニアが使用するケースも増えてきています。

Sketchに対して、PhotoshopやIllustratorに代表されるAdobe系のデザインソフトは、多種多様な機能を搭載していることが特長です。複雑なレイヤースタイルや文字組み、ベクタデータ作成や画像処理など、Sketchでは実現できない多彩な表現に加えて細かい作り込みが可能です。また、これまでAdobeのデザインツールを使ってきたデザイナーにとっては使い慣れた環境である上に、Adobe Creative Cloudを契約している場合は、Adobeの他ソフトやアプリ、その他関連サービスと共に利用できるのも大きな利点です。

それぞれのメリット・デメリットを理解して、最適なものを利用しましょう。SketchとAdobe両方を利用できる環境であれば、細かいグラフィックの作り込みをPhotoshopやIllustratorで、そのデータを取り込んでアプリのUIとして組み上げるのをSketchで処理するのが理想かもしれません。

Git・GitHubの利用

　Gitはもっともポピュラーなバージョン管理システムの1つです。Webサービス「GitHub」と組み合わせて利用することで、チーム開発をスムーズに進めることができます。
　チーム開発で必要なツールのほとんども、GitおよびGitHubと連携できるため、余程の理由がない限り、バージョン管理システムにはGitの採用をおすすめします。本節では、GitとGitHub、GitHub Desktop、GitLabなどを解説します。

Gitを簡単に扱うツール

　Gitは基本的にコマンドラインでの利用が前提ですが、コマンドを覚える上に、ターミナルの近寄りがたいイメージは否定できません。
　GUIでの操作とグラフィカルで一目で分かる表示を希望する声も多く、また、Gitのリポジトリ管理を簡単にするため、Webブラウザからリポジトリを管理できるGitHubなどのサービスを併用するのが一般的です。
　また、GitHubは、「GitHub Desktop」(Mac版とWindows版)を提供しており、簡単にGitを扱うことが可能です。この他にもGitをGUIで操作するツールが多数公開されているので、チームに最適なものを探してみるといいでしょう。
　本項では、一般的な組み合わせである、GitとGitHub、GitHub Desktopの他に、代替手段としてGitHub互換を喧伝するGitLabも解説します。

GitHubの特徴

　GitHubは、Gitのリモートリポジトリを管理するWebサービスです。複数ユーザーによる開発に必要な機能が用意されています。
　例えば、ソースコードへのコメント機能、プルリクエストによる修正コードのマージ依頼、記録のためのWiki機能、Issueによるタスク管理などがあり、いずれもチーム開発では欠かせない機能です。また、プライベート

リポジトリを複数作成したり、チームメンバーで管理する場合、オンプレミスで環境を作る場合などは有料となります。

GitHub互換サービス

　GitとGitHubの組み合わせは、ほぼデファクトスタンダードですが、GitHub互換（もしくは類似の）サービスも存在します。

　特に無料で複数のプライベートリポジトリを作成できる「Bitbucket」と、オンプレミスでGitHubと同等の環境が作れる「GitLab」が著名です。

　Bitbucketは、無料プランでも5人のアカウントと複数のプライベートリポジトリを作成できるのが特徴です。また、提供元のAtlassian社はBitbucketの他に、タスク管理のJIRA、ドキュメント管理のConfluence、CIツールであるBambooなど、チーム開発に必要なツールを網羅して提供しています。チーム開発のツール選定に悩んでいる際には、同社のサービスを検討するのも1つの手です。

　GitLabは、GitHub同等の機能を擁し、オープンソースソフトウェアでオンプレミス環境で運用できるところが特徴です。

　GitLabのインストールは簡単で、クラウドにソースコードを保存できない企業などでは、GitHubのEnterpriseプランやBitbucketのEnterprise teamsプランなどと共に、重宝するツールの1つです。

　また、GitLabは開発も積極的に進められ、GitHubの機能はほぼ網羅されています。オンプレミス環境での運用コストを除けば、バージョン管理システムとして検討に値します。

主要なGitコマンド

　普段はGUIで操作しても、ターミナルのコマンドラインで直接コマンドを入力する必要に迫られるケースがあるかもしれません。日常的には使用しないにしても、どんなコマンドがあるのかを把握しておくことは、GUI版を利用する上でも有用です。

　GitHubには、Gitコマンドの早見表（チートシート[*8]）が用意されています。目を通しておくことをおすすめします。本項では頻繁に使用するコマンドを紹介します。

[*8] https://services.github.com/kit/downloads/ja/github-git-cheat-sheet.pdf

リポジトリの新規作成
ローカルリポジトリを新規に作成します。

```
git init [プロジェクト名]
```

リポジトリのクローン作成
リモートリポジトリからすべての履歴を含め、ローカルリポジトリを作成します。

```
git clone [URL]
```

現在のGitリポジトリの状態を知る
新規や変更のあるファイルを一覧表示します。

```
git status
```

差分の表示
変更の差分を表示します。

```
git diff
```

ブランチの表示と作成
ローカルブランチの一覧を表示します。

```
git branch
```

ローカルリポジトリで現在の作業ブランチから新たにブランチを作成します。

```
git branch [ブランチ名]
```

ブランチの切り替え
ブランチを切り替え、作業ディレクトリを切り替えたブランチの内容に変更します。

```
git checkout [ブランチ名]
```

ブランチのマージ
ブランチ同士をマージします。

```
git merge [ブランチ名]
```

スナップショットの作成
ブランチに変更したファイルのスナップショットを作成します。

```
git add [ファイル名]
```

スナップショットのコミット
ブランチに作成されたスナップショットをバージョン管理の対象として登録します。

```
git commit -m [コミットメッセージ]
```

リモートリポジトリの履歴統合
リモートリポジトリの履歴をローカルリポジトリに統合します。

```
git pull
```

ここで紹介したコマンドの他にも、ブランチの削除、コミットの取り消しなど、非常に細かい操作までコマンドラインで実行できます。

特にコミットの取り消し操作は、コマンドラインでのみ細かく処理できるため、普段はGUIでも構いませんが、コマンドラインでの操作が必要になります。

GUI 操作の GitHub Desktop

GitHub DesktopはGitHubが提供しているGitをGUIで操作するアプリケーションで、Mac版とWindows版が提供されています。

GitHub Desktopは、GitHub、エンタープライズ用GitHub、さらには、GitHub互換のGitLabやBitBucketなどに対応しています。

GitHubの公式サイトからプロジェクトをクローンする際、下図に示す通り、ZIPとしてダウンロードかGitHub Desktopの起動か、選択できます（図3-22）。

ここで、[Open in Desktop]をクリックして、GitHub Desktopを起動すると、どのフォルダにクローンするか指定でき（図3-23）、そのままGitHub Desktopで管理できるため、非常に便利です。

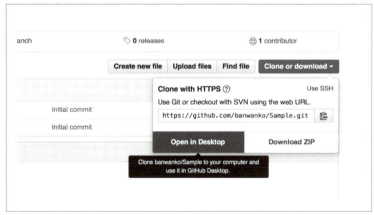

図3-22　GitHubの公式サイトからのクローン

図3-23 GitHub Desktopと連携

ブランチの作成

続いて、GitHub Desktopでブランチを作成します。ツールバーにあるブランチコンボボックス左のボタンをクリックすると、ブランチを作成できます。

作成するブランチ名を入力し、どのブランチから分岐させるかを選択、最後に［Create Branch］ボタンをクリックすると、ブランチを作成できます。

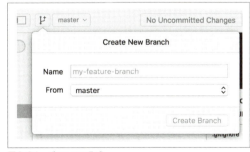

図3-24 ブランチの作成

修正ファイルのコミット

修正したファイルは一覧として表示されます。ファイルを選択すると、そのファイルの修正差分が右ペインに表示されるので、修正内容を確認できます。

各ファイル左側のチェックボックスがチェックされた状態で、[Summary] にコミットメッセージ、[Description] に詳細なコミットメッセージを入力し、下部の [Commit to] をクリックするだけで、スナップショットの作成してコミットできます。

ターミナルでコマンドを実行する場合は、通常変更ファイルもしくは新規ファイルのスナップショットを作成しないと、コミットできませんが[*9]、GitHub Desktopでは一度で処理できます。

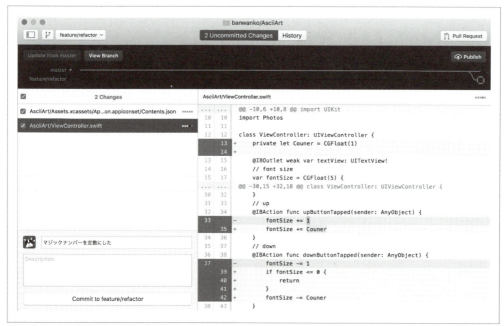

図3-25 commit直前

コミット内容はローカルリポジトリに記録されますが、誤ってコミットした場合は、Undoでコミットを取り消せます。

ただし、リモートリポジトリにプッシュしてしまった場合は取り消せないため、ターミナルでコマンドを実行して処理する必要があります。

---

*9　-aオプションでgit addとgit commitを同時に処理することは可能です。

ブランチの公開・同期

　ブランチを新規で作成し、ファイルを修正した場合には、そのブランチはローカルリポジトリにあるため、リモートリポジトリに反映する必要があります。右上にある[Publish]をクリックすると、ブランチごとリモートリポジトリに反映されます。

　もし、新規ブランチではなく既存のブランチの場合は、[Publish]ではなく[Sync]と表示されます。ここをクリックすると、リモートリポジトリで変更された内容がローカルリポジトリに反映されます。

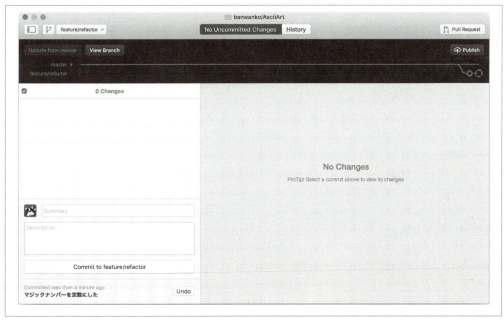

図3-26　ブランチをpublish

プルリクエスト

　GitHubでブランチから他のブランチへマージしたい場合は、プルリクエストを送りますが、GitHub Desktopでも簡単に送ることができます。

　作業ブランチで修正処理を済ませ、リモートリポジトリにもそのブランチの内容が反映されている状態では、[Pull Request]が表示されます。

　ここをクリックして、タイトルと詳細を入力するだけでプルリクエストが可能で、GitHubのリンクを押すことでWebに遷移できます。

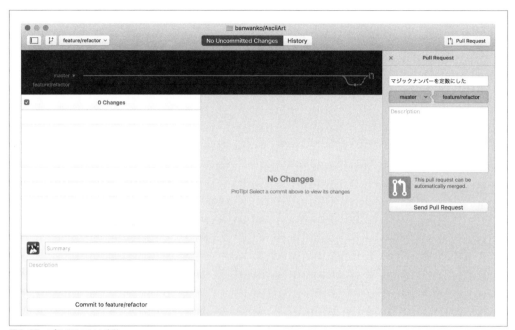

図3-27　プルリクエスト直前

　GitHub Desktopではこの他に、簡単にブランチを切り替えたり、他のブランチの内容をローカルでマージすることが可能です。

　通常の作業であれば、コマンドを実行する必要はないほどです。エンジニアだけでなく、デザイナーでも簡単に操作できます。

GitLab

　GitHub以外にもGit処理ツールは存在します。GitHubは基本的にはクラウドベースで、オンプレミスにするには、Enterprise契約が必要です。しかし、GitHub同等の機能を搭載し、オープンソースで公開されているGitLabは、オンプレミスで同様の環境を構築することが可能です。

　また、各種Linuxディストリビューションには簡単にインストールできます。例えば、Raspberry Piにさえインストール可能です。

　その他、AWS（Amazon Web Services）やGoogle Cloud Platform、Microsoft Azureなどにも構築できるので、柔軟に環境を用意することができます。

GitLabのインストール

　各Linuxディストリビューションへのインストール方法は、GitLab Community EditionのDownloadページ[*10]に掲載されています。

　本項では、CentOS 7にインストールする方法を解説します。

```
$ sudo yum install \
curl policycoreutils openssh-server openssh-clients
$ sudo systemctl enable sshd
$ sudo systemctl start sshd
$ sudo yum install postfix
$ sudo systemctl enable postfix
$ sudo systemctl start postfix
$ sudo firewall-cmd --permanent --add-service=http
$ sudo systemctl reload firewalld
$ curl -sS https://packages.gitlab.com/install/repositories/gitlab/gitlab-ce/script.rpm.sh | sudo bash
$ sudo yum install gitlab-ce
```

コード3-1　GitLabのインストール

　引き続き、設定を行います。最低限の設定として、ドメインの記述が必要です。「/etc/gitlab/gitlab.rb」の「external_url」を編集し、設定を再読み込みします。

```
$ sudo vi /etc/gitlab/gitlab.rb  // external_urlを編集
$ sudo gitlab-ctl reconfigure
```

コード3-2　GitLab設定の再読み込み

[*10] GitLab Downloadページ https://about.gitlab.com/downloads/

以上で、GitLabのインストールと設定は完了です。例えば、GitLabに内蔵されているnginxを利用したくないケースでも、gitlab.rb内の変数を編集すれば、内蔵のnginxを停止可能です。利用するサーバ環境に応じて、設定を変更しましょう。

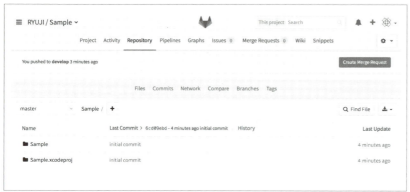

図3-28　GitLabでのリポジトリ表示

SourceTree

SourceTree[*11]は、前述のBitbucketを公開しているAtlassian社の製品で、GitおよびBitbucketやGitHub、GitLabなどのリモートリポジトリをGUIで操作するデスクトップアプリケーションです。Windows版とmacOS版が用意されています。

SourceTreeは無料で利用できますが、初期セットアップのライセンス登録でAtlassianアカウントが要求されます（図3-29）。未登録の場合はアカウントを作成しましょう。

アカウント設定後は、BitbucketやGitHubのリポジトリをクローンする画面に切り替わります。後でも設定可能なので、［スキップ］をクリックして初期セットアップをキャンセルしても問題ありません。

なお、BitbucketやGitHubには、リモートアカウント接続の設定が用意されているので、この双方を使う場合は簡単に登録できます。

---

*11　SourceTree ダウンロードページ https://ja.atlassian.com/software/sourcetree

図3-29　SourceTreeセットアップ

クローン

GitLabにあるリポジトリをクローンするには、GitLabのWebサイトからクローン用のURLをコピーします。次に、SourceTreeの［新規リポジトリ］で［URLからクローン］を選択して、コピーしたURLを貼り付けます。

なお、GitHubからのクローンはリモートアカウントを設定していれば簡単です。

図3-30　GitLabのリポジトリをクローンする

ブランチの作成

ブランチの作成は、上部にある［ブランチ］をクリックすると、新規ブランチの作成する画面が開きます（図3-31）。

続いて、ブランチ名を入力して、［ブランチを作成ボタン］をクリックすれば、新しいブランチが作成されます。

図3-31 ブランチの作成

コミット

変更があるファイルは、作業ツリーのファイルに一覧表示されます。ファイルを選択すると、ファイルの差分が右ペインに表示され、修正内容を確認できます。

ファイル左側のチェックボックスをチェックすると、ローカルリポジトリにスナップショットとして登録されコミット対象になります。ここで下部のテキストエリアにコミットメッセージを入力して、［コミット］をクリックするとコミットされます。

コミットと同時にリモートリポジトリにプッシュしたい場合は、［コミットを直ちにプッシュする］をチェックして、［コミット］をクリックします。ただし、間違えてコミットした場合、リモートリポジトリまで反映されるため、訂正には手間が掛かります。プッシュは同時には実行せず、必要に応じて別途プッシュする運用が好ましいでしょう。

コミット後は、左ペインのワークスペースの［履歴］メニューで、状態を確認できます。万が一、コミットを取り消す場合は、該当箇所を選択して、右クリックのコンテキストメニューから、コミットの取り消しや履歴を遡ることが可能です。

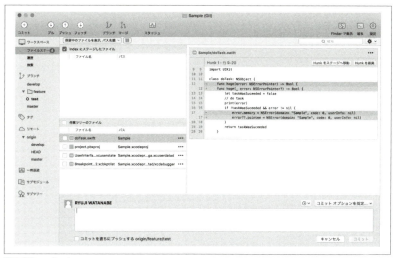

図3-32 コミット

プッシュとプル

ローカルリポジトリの状態をリモートリポジトリに反映させるには、上部の［プッシュ］アイコンをクリックします。

ブランチの選択画面が表示されるので、プッシュしたいブランチを選択し、［OK］をクリックすると、リモートリポジトリにプッシュできます（図3-33）。

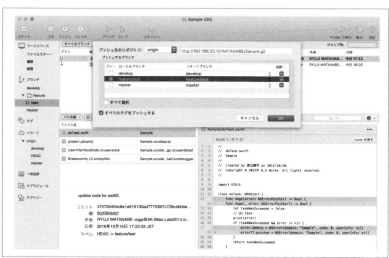

図3-33 リモートリポジトリへのプッシュ

逆に、リモートリポジトリの内容をローカルリポジトリに反映したい場合は、[プル]アイコンをクリックします。プル元の情報が表示されるので、必要に応じて修正します。

通常は作業ブランチに対応するリモートリポジトリのブランチが選択されます。[OK]をクリックすれば、ローカルリポジトリにマージされます(図3-34)。

図3-34 ローカルリポジトリにプル

SourceTreeは、前述のGitHub Desktopと比べて、細かい処理が可能で、Gitに精通したユーザーをターゲットにしている印象があります。

そのため、エンジニア以外のメンバーに使ってもらうのは、少々難しいかもしれません。

しかし、万が一のトラブル時に、ターミナルでコマンドを実行せずとも、SourceTreeである程度操作できるメリットがあります。

3-8 Git・GitHubの開発フロー

　GitとGitHubは便利なバージョン管理システムですが、チーム開発を進める上では、一定のルールを設けないと、一転して混乱の元になるケースがあります。

　Gitでのソース修正は、元のソースから作業用コピーとして作成したブランチで作業し、最終的に元のソースにマージします。

　しかし、チームのメンバー各々が共通のルールもなく、勝手にブランチを作成すると、どのブランチが最終なのか、どのブランチでどの機能を実装しているか分からなくなります。本節ではGitによる開発フローを紹介します。

Git Flowのブランチモデル

　Git Flowは、Vincent Driessenが2010年1月5日に「A successful Git branching model」[12]で提唱した、Gitを用いた開発フローのモデルです。以降、多くのチーム開発で用いられるモデルとなっています。

　Git Flowでは、次に示す5つのブランチをベースにして開発を進めます。また、git-flowツールが用意されており、コマンドラインからフローに沿った管理が可能です。

[12] http://nvie.com/posts/a-successful-git-branching-model/

- **masterブランチ**
  masterブランチは、リリースしたコードを管理するブランチです。後述するreleaseブランチでリリースをした後、releaseブランチのコードをmasterブランチにマージし、タグを打ちます。消すことがないブランチです。
- **developブランチ**
  developブランチは、開発用ブランチとして使われます。実装後のコードはすべてdevelopブランチにマージされ、その後リリース時にはreleaseブランチを作成します。このブランチもまた、消すことがないブランチです。

- **releaseブランチ**

  リリースするためのブランチです。リリースする段階でブランチを作成し、最終的な確認後にリリースします。developブランチからreleaseブランチを切ります。masterブランチにマージした後はブランチを削除します。

- **hotfixブランチ**

  hotfixブランチは、リリースされたコードに問題があり、緊急の修正を実施する場合に利用します。hotfixブランチはmasterブランチから枝分かれし、修正が完了したら最終的な確認後に、masterブランチにマージされます。マージ後はブランチを削除します。

- **featureブランチ**

  featureブランチは、特定の機能を実装するためのブランチで、developブランチから派生します。実装の終了後はdevelopブランチにマージし、役目を終えたら削除します。

開発用ブランチ（Git Flow）

　開発に関連するブランチは、developブランチとfeatureブランチです。developブランチは開発用ブランチとして永続的に存在し、featureブランチは、機能の追加や修正など、実装時にdevelopブランチから派生します。

　featureブランチは一般的に、「feature/機能名」と命名します。例えば、キャンセルボタンの追加では、「feature/add-cancel-button」の命名で、ブランチ名から実装内容が分かります。

　また、タスクをチケットで管理している場合、「feature/Ticket0610」と機能名ではなくチケット番号で命名するケースもあります。

　なお、featureブランチは実装後にテストで確認してdevelopブランチにマージします。

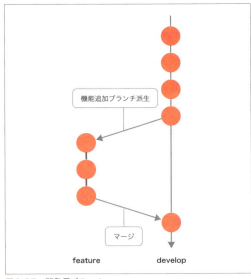

図3-35　開発用ブランチ

リリース用ブランチ（Git Flow）

　リリースに関連するブランチは、masterブランチとreleaseブランチです。masterブランチはリリース後のコードを管理し、永続的に存在します。一方、releaseブランチはリリース時の確認ブランチです。developブランチがリリース可能になったとき、developブランチからreleaseブランチを派生させます。

　releaseブランチは、リリース前に最終的な確認を実施するブランチで、バグ発見時は、releaseブランチ内でバグを修正します。リリース可能と判断したら、masterブランチとdevelopブランチの双方にマージします。その後、releaseブランチは役目を終えたので削除します。

　masterブランチからリリース後は、最後にタグを打ちます。この通り、masterブランチはリリース時点での最終的なソースコードのみを管理することになります。

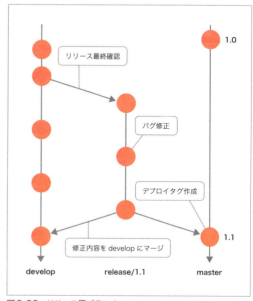

図3-36　リリース用ブランチ

緊急作業ブランチ（Git Flow）

　緊急作業ブランチであるhotfixブランチは通常の流れとは異なる特別なブランチです。

　サービスや機能のリリース後、重大なバグが発見され、緊急のバグ対応が必要となった場合に限り、masterブランチからhotfixブランチを派生させます。バグはhotfixブランチ内で修正し、リリース可能と判断した時点で、masterブランチへマージしリリースします。

　同時にdevelopブランチへのマージも忘れないようにしましょう。万が一、developブランチへのマージを忘れると、せっかく修正したコードが次のリリースで失われる可能性があります。hotfixブランチは使用する頻度が低いので、気を付けましょう。

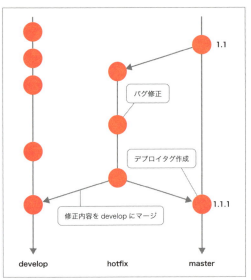

図3-37 緊急作業ブランチ

分岐元、分岐先一覧

ブランチ	永続的	分岐元	分岐先	ブランチ名
master	○	-	-	master
develop	○	-	-	develop
release	×	develop	masterおよびdevelop	release-*, release/* [*13]
hotfix	×	master	masterおよびdevelop	hotfix-*, hotfix/* [*13]
feature	×	develop	develop	feature-*, feature/* [*14]

[*13] A successful Git branching modelでは、XXXXX-*とされていますが、一般的には、XXXXX/*も多く使われているためここで記載しています。

[*14] A successful Git branching modelでは、master、develop、release-*、hotfix-*以外とされていますが、一般的にはfeature-*やfeature/*が使われています。

最適なサービス

フロー	習得難易度	最適なサービス
Git	難しい	スマートフォンネイティブアプリケーションや、計画的にリリースするWebサービス
GitHub	易しい	継続的なWebサービス

GitHub Flowのブランチモデル

GitHub Flow[*15]は、GitHubが使用している開発フローモデルで、Git Flowよりもシンプルなルールになっています。

GitHub Flowでは、masterブランチが重要で、masterブランチは常にデプロイできる状態にある、もしくは数時間以内にはデプロイ可能であることが厳格なルールとして存在します。その他のブランチはすべて作業ブランチです。シンプルであるため開発者は複雑なフローを覚える必要がありません。

masterブランチと作業ブランチ

GitHub Flowではmasterブランチが重要です。前述のGit Flowと違い、developブランチやreleaseブランチは存在せず、単純にタスクごとにmasterブランチから作業ブランチを作成し、実装するだけです。

実装が完了しテストも完璧で万全の状態で、masterブランチへマージします。masterブランチは定期的にデプロイし、自動的にそのまま本番環境に反映するのが理想です。

実際にはチェックもせずにマージするのは危険であるため、masterブランチへのマージ前に、作業ブランチからmasterブランチに対して、プルリクエストを発行します。その後プルリクエストの内容をレビューし、レビュー通過後にマージする流れになります。

なお、コードレビューは、後述の「5-3 コードレビューの必要性」で詳述します(P.144)。

自動デプロイとリリース頻度

GitHub FlowがGit Flowと明確に違うポイントがあります。Git Flowはリリース頻度が低めで、念入りなテスト実施後にリリースします。一方、GitHub Flowは、定期的にデプロイを自動で実行し、更新サイクルを短く設定しているところです。

また、GitHub Flowでは、フローを簡略化することで、使用者の初期学習コストを下げています。

*15 http://scottchacon.com/2011/08/31/github-flow.html

3-9 Vagrantによる開発環境の構築

　Webアプリケーションの開発では、開発者は用意した開発用サーバにログインして開発するケースが主流でした。しかし、昨今の仮想化技術と開発機のマシンパワーの向上により、開発用サーバではなく開発機のローカル環境に開発環境を作成し、実装を進めるケースが多くなっています。

　本節では、開発機のローカル環境に、仮想化技術を使って開発環境を作成する方法を解説します。

Vagrant

　「Vagrant」はHashiCorp社の製品で、仮想環境を簡単に操作することができるツールです。気軽に仮想環境を作成、破棄などができるので、ホストOSを汚すことなく、さまざまな環境を作成できるのが特徴です。OS組み込みの仮想環境はBoxと呼ばれ、Boxがあれば同一環境を容易に別の開発機で作成することが可能です。

　プロバイダーと呼ばれるシステムを介して、VirtualBoxやVMWare、AWSなどの仮想環境をほぼ同じコマンドで操作でき、使い勝手や特性を考慮して選択できます。プロバイダーはプラグインとして提供され、一部のプロバイダーは有料ですが、さまざまな仮想環境に対応可能です。

　Vagrant単体でもある程度の環境を構築できますが、一般的にはChefやAnsibleなど、環境設定をコードで記述するツールと組み合わせることが多く、インフラストラクチャーをコードで管理でき、環境の可視化が可能となります。

　仮想マシンファイルのBoxは、プロバイダーが指定されていることが多く、仮にプロバイダーを変更するには、少々手間が掛かる欠点があります。

　なお、仮想環境がVMWareやVirtualBoxなどでは、仮想環境にOSを用意してアプリケーションを動作させるため、パフォーマンスの面で若干の不安が残ります。

　一方、後述のDockerをプロバイダーにすると、軽量な環境を用意でき、幅の広い環境構築が可能なのが特徴です。

想定する開発環境（Vagrant）

　Vagrantは、VirtualBoxやVMWareといった仮想マシンのフロントエンド的な役割を果たすため、基本的に仮想マシンと同様のメリットとデメリットがあります。

　仮想マシンを削除しない限り、次回起動時も環境はリセットされないため、あたかも専用の開発サーバを用意した感覚で、開発を進めることができます。

　しかし、1台のマシンをまるまる仮装化するため、ホスト環境はCPUパワーやメモリなどに余裕を持たせる必要があり、複数の環境を同時に起動させるのは物理的に厳しいといえます。本番環境が1台のサーバで構成されるケースには最適です。本項では、Vagrantを用いて、Webサイトでよく使われる構成である、Linux、Apache、MySQL、PHPといういわゆるLAMP環境を開発環境とみたてて解説します。環境は自由に追加、変更できますので、実際の開発環境に合わせて変更してみてください。

VagrantのBox管理

　Vagrantで新規環境を構築するには、仮想マシン作成のベースとなるBoxを展開して環境を作るため、スクラッチから開発環境を構築するには時間を要します。

　そのため、構築が終わった仮想環境をBoxとして保存し、別のマシンでゼロから構築する際は、そのBoxを利用すると効率的です。

　Vagrantでは同社のBoxサービス「Atlas」（https://atlas.hashicorp.com/）で管理可能で、気軽に登録されたBoxを使用できます。

　また、Boxは共有フォルダやサーバに置き、独自で管理することも可能です。その場合、参照する側はURLを指定します。

テスト環境（Vagrant）

　テスト環境として常に操作できる環境を用意することは重要です。Vagrantを使ってテスト環境を作成する場合には、あらかじめOSや各種ライブラリをインストールしたBoxを作成して用意しておく必要があります。

　また、継続的デリバリーツールでテスト環境を構築する場合、通常はあらかじめ用意したテスト環境にデプロイを行い、アプリケー

ションを更新する方法をとるとよいでしょう。

最終的なテストに利用する環境は、Boxから新たに環境を構築することで、時間は掛かりますが、クリーンな状態の環境を用意できます。

LAMP環境の構築例（Vagrant）

Vagrantでは、Atlasでさまざまな環境が公開されています。LAMP環境が用意されたBoxも公開されていますが、本項ではベースとなるOSのBoxを探し、各アプリケーションをセットアップするところから解説します。

まずは、macOSにVagrantをインストールし、右記の環境を作成します。

- VirtualBox
- Ubuntu 14
- Apache 2
- MySQL
- PHP 7

Vagrantのインストール

アップデートの利便性を考え、Homebrewでインストールします。公式Webサイトからインストールパッケージ[*16]をダウンロードしてインストールすることもできます。

```
$ brew install Caskroom/cask/vagrant
```

図3-38　AtlasでUbuntuを検索した結果

*16　https://www.vagrantup.com/downloads.html

VirtualBoxのインストール

　Vagrantで使用するバーチャルマシンは、主にVirtualBoxが使われます。動作速度はそれほど速くありませんが、標準的に使用されているためインストールする必要があります。

　公式Webサイト[*17]からのインストールでも構いませんが、アップデート時にパッケージで上書きインストールする必要があります。アップデートが簡単なHomebrewでのインストールをおすすめします。

```
$ brew install Caskroom/cask/virtualbox
```

Ubuntuの準備

　次にUbuntuのBoxを作成します。用意されているBoxを使わず、Ubuntuを仮想マシンにインストールする方法もありますが、ほとんどのOSは既にAtlasに用意されているので、それらを利用すると時間を短縮できます。

　ただし、公開されているBoxがセキュアであるかは保証されていないため、本番環境でもVagrantを使用する場合は、自らBoxを作成することを検討してください。

　本項ではAtlasで公開されているBoxを使用します。AtlasではUbuntu公式のBoxが公開されているので、こちらを利用しましょう。

　下記に示す通り、UbuntuのBoxで初期化し起動します。Boxファイルをダウンロードするため、少々時間が掛かります。

```
$ mkdir ubuntu
$ cd ubuntu
$ vagrant init ubuntu/trusty64
```

コード3-3　　vagrant 初期化

　続いて、Vagrantfileを編集します。IPアドレスを固定します。本項では下記に示す通り、「192.168.0.222」を指定します。使用環境に応じて適宜変更してください。

```
config.vm.network "private_network", ip: "192.168.0.222"
```

コード3-4　　IPアドレスを固定

[*17] VirtualBox 公式ページ https://www.virtualbox.org/wiki/Downloads

次にAnsibleを設定します。

本項ではansible-localを指定します。この指定でAnsibleはUbuntu内で実行され、アプリケーションがインストールされます。なお、ホストOSにAnsibleをインストールする必要はありません。

Playbookに「playbook.yml」をファイル名として指定します。playbookファイルとVagrantのUbuntu内で認識させるため、共有ディレクトリも設定する必要があります。

設定後に環境構築のVagrantコマンドを実行すると、指定したPlaybook通りに構築が開始され、簡単にアプリケーションをインストールできます。Vagrantfileでは、この他にメモリ容量の変更など、細かい環境を設定できます。以上でVagrantfileの設定は終了です。

```
config.vm.synced_folder ".","/vagrant"
config.vm.provision "ansible_local" do |ansible|ansible.playbook = "playbook.yml"
end
```

コード 3-5　共有ディレクトリとPlaybookの設定

Playbookの作成

下記のコード例に示す通り、ApacheとMySQL、PHPのインストールと設定を実行する、AnsibleのPlaybookを作成します。

```
- hosts: all
  user: vagrant
  sudo: yes
  vars:
        mysql_root_pw: "!23MySQL"
  tasks:
    - name: Install apache
      apt: name=apache2 update_cache=yes state=latest
    - name: Add ppa
      apt_repository: repo='ppa:ondrej/php'
    - name: Install php
      apt: name={{ item }} state=present
      with_items:
        - php7.0
        - php7.0-mbstring
        - php7.0-mysql
```

```
      notify:
        - restart apache2
    - name: Install mysql
      apt: name=mysql-server
    - name: start mysql
      service: name=mysql state=started enabled=yes
    - name: del html dir
      file: path=/var/www/html state=absent
    - name: make symlink
      file: src=/vagrant/html dest=/var/www/html state=link
  handlers:
    - name: restart apache2
      service: name=apache2 state=restarted
    - name: mysql setup
      service: name=mysqld state=started enabled=yes
    - name: mysql set password
      command: mysqladmin -u root password "{{ mysql_root_pw }}"
```

コード3-6　AnsibleのPlaybook

Ubuntu初期化と起動

　構築するUbuntuの設定は完了です。続いて、Ubuntuを作成して起動します。

　ここでの処理では、Boxファイルをダウンロードするため、時間を要します。気長に待ちましょう。

　念のために、起動後はSSHで接続できるか確認します。初期ユーザー名とパスワードは両方とも「vagrant」です。

```
$ vagrant up --provider virtualbox
$ vagrant ssh-config --host 192.168.0.222 >> ~/.ssh/config
```

コード3-7　Ubuntuの起動

```
$ ssh vagrant@192.168.0.222
```

コード3-8　UbuntuにSSH接続

PHPとApacheの動作を確認するため、phpファイルを作成し、Webブラウザで表示を確認します。

まずは、「html」ディレクトリに「phpinfo.php」ファイルを作成します。「html」ディレクトリは、Ansibleの設定でUbuntuの「/var/www/html/」へシンボリックリンクが張られています。

```
<?php
phpinfo();
?>
```

コード3-9　html/phpinfo.php ファイル

phpファイルの設定後は表示を確認します。「http://192.168.0.222/phpinfo.php」にアクセスして、phpinfoの表示を確認します。

本項では、「html」ディレクトリのみ共有ディレクトリを作成していますが、Webアプリケーションを実際に作成する場合は、シンボリックリンクの設定を追加する必要があります。

本項の「playbook.yml」で分かる通り、環境構築がコードで容易に設定できます。

Column：仮想環境とクラウド

VirtualBoxやVMWare、Vagrant、Dockerなどに代表される仮想環境を作成し操作する技術は、ソフトウェアだけでのエミュレーションから、ハードウェア(CPU)側でも仮想環境に対応するなど各段に進歩しています。パフォーマンスも向上し、気軽に仮想環境を使用できる時代になっています。

本文で解説した通り、開発環境やテスト環境を、ホストOSの環境に影響されることなく、何度でもクリーンな環境を作成可能になったことは、従来のソフトウエア開発や運用方法を大きく変えてしまう出来事でしょう。

VPS(Virtual Private Server＝仮想専用サーバ)など、仮想環境を自分専用の環境として使用できることも、AWS(Amazon Web Services)などクラウド側で複数のインスタンスを生成し、起動可能になった背景にも、仮想化技術の進歩が関係しています。

従来はWebアプリケーションをリリースするにあたり、専用の物理サーバを用意する必要がありました。物理サーバは、ハードウェアのメンテナンスコストが掛かるので、人的資源も費用も無視できない問題があります。また、Webアプリケーションがヒットしても、即座にサーバを増強することが困難というデメリットも存在します。

現在ではVPSやAWSなどのクラウドサービスを利用することで、ハードウェアのメンテナンスは必要なくなり、構成次第ですがスケールも容易なため、多くのWebアプリケーションが、IaaS(Infrastructure as a Service)やPaaS(Platform as a Service)などを使って公開されています。

他社のインフラを利用してサービスを稼働させるため、障害の発生で提供する機能が停止した場合、自社でコントロールできないリスクなども当然ありますが、自社で物理サーバを運用するよりは明らかにリスクは低いはずです。この分野の技術進歩は各段に速く、数年後にはまた違う環境でサービスを提供することが当たり前になっているかもしれません。

サービスを提供する企業やサービスを開発し運用するチームにとっては、現在よりももっとサービスのことだけに注力することが可能になり、チーム開発でいかに素晴らしいサービスを作り上げることができるかが重要になってくるでしょう。

3-10 Dockerによる開発環境の構築

　Dockerは、Docker社がオープンソースソフトウェアとして公開している仮想化ツールで、コンテナと呼ばれる実行環境を作成・コントロールできます。

　DockerもVagrantと同様に、仮想化技術を採用しています。前述の通り、VagrantはホストOS上にさらにOSをインストールするため、実機とほぼ変わらない環境になりますが、ホストマシンのCPUやメモリなどを多く奪うことを意味します。一方、Dockerはコンテナと呼ばれる実行環境に軽量化したLinuxとアプリケーションをパッケージして、ホストOSの上で直接起動します。

　VagrantのBoxがホストOSの上に通常のOSを構築するのに対して、DockerはホストOSが用意する仮想化技術の上で直接コンテナが動作するため、軽量かつ起動も動作も速いのが特徴です。

　1アプリケーションにつき1コンテナを作成するのが一般的です。複数のコンテナを連携させて、サービスを構成するケースが多々あるため、複数コンテナを管理するdocker-composeが用意されています。

　コンテナはホストOSに依存しないため、さまざまなアプリケーション、WordPressやJenkins、RedmineなどがDockerコンテナとして公開されているのも特徴の1つです。

　Dockerコンテナを使うことで、気軽にアプリケーションを試すことができます。もちろん、試用ではなく常用する場合でも、OSを用意してインストールする手間が省けるため、手軽に利用できます。

DockerとホストOS

　Dockerとコンテナ、ホストOSの関係図を次図に示します（図3-39）。図の通り、ホストOS上でDockerサーバが動作し、各コンテナがDockerサーバの上で個別に動作することが分かります。

　以前は、ホストOSがmacOSやWindowsの場合、VirtualBoxでゲストOSにLinuxを用意し、その上にDockerサーバが動作していました。2016年7月、「Docker for Mac」と「Docker for Windows」リリース後は、macOSとWindowsでもホストOS上のネイティブ仮想環境で実行され、ボトルネックがなくなったため、より高速化され、リソースも有効に使用されるようになっています。

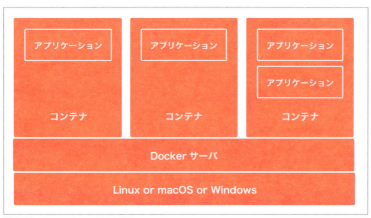

図3-39　Dockerとコンテナの関係

想定する開発環境 (Docker)

　本番環境でDockerを使用する場合は、開発環境にもそのまま同じ環境を使うことで、環境の相違によるバグを回避できます。

　もし、本番環境がDockerでなくても、データベースやWebサーバなどは、それぞれ個別のコンテナを用意してバージョンを会わせることで、コンパクトですが本番環境に近い構成が可能です。

　Dockerは作っては破棄を繰り返す作業に向いていますが、データベースなどの永続性には注意が必要です。例えば、ホストマシンのファイルを参照する形式を採用するなど、ホストマシンとは切り離せない点に注意が必要です。もちろん、開発中のソースコードも同様です。

　Docker採用の利点は、例えば、Webサーバのバージョンを変更しても動作に問題がないか、使用しているApacheのコンテナを差し替えるだけで検証可能であることです。

　開発に影響するプログラミング言語に関しても同様です。例えば、PHPのバージョン5.3を利用しているプロジェクトで、バージョン7に移行するとどうなるか、Dockerであれば、PHPのコンテナを用意するだけで気軽に検証できます。ただし、残念なことにDockerはコンテナ内で動く環境はLinuxのみです。例えば、macOSでのみ動作するXcodeをDockerにインストールすることはできません。

　本項ではVagrantの解説と同等の環境をDockerを用いて構築する手順を解説します。

テスト環境（Docker）

Dockerのコンテナは使い捨て可能なので、テスト環境との相性は良好です。開発環境がほぼそのまま使用でき、アプリケーションコンテナのみを、継続的デリバリーツールでデプロイする構成にすることで、毎回クリーンな状態でテストできます。

また、開発環境と同様に、テスト環境もすべてをDockerにする必要はありません。アプリケーションコンテナ部分だけDockerを使用して、他はVagrantで構築することも間違いではありません。

LAMP環境の構築例（Docker）

Dockerでは、公式のDockerHubでさまざまなコンテナが公開されており、公式コンテナはもちろん、ユーザーが作成したコンテナまで数多く用意されています。公式コンテナのみを検索できるため、安全な環境を比較的簡単に構築できます。

本項では、コンテナをゼロから作成せず、複数コンテナを管理することに重点を置き、既存のコンテナを選択します。

Dockerサーバとクライアントのインストールは、macOSを例に説明しますが、以降の手順はいずれのOSでも共通です。前節で解説した構成を作成してみましょう。

- Apache 2
- MySQL
- PHP 7

Dockerのインストール

macOSにDockerをインストールするには、公式Webサイト[18]からパッケージをダウンロードしてインストールします。パッケージでのインストールの他にも、Homebrewを利用する方法がありますが、本項では説明しません。

---

[18] https://www.docker.com/products/docker#/mac

Docker Compose

Docker Composeは、複数のコンテナ情報を記述し、コンテナをまとめて起動することが可能です。各コンテナ間のリンクで指定する起動の順番も、Docker Composeで自動で行われるため、Dockerfileのみでコンテナ単体の環境を設定し運用する場合に比べ、格段に管理が容易になります。

macOSでは、Dockerのインストールパッケージにdocker-composeが同梱されているため、別途インストールする必要はありません。

まずは、DockerHubで必要なアプリケーションの公式コンテナを検索しましょう。

- PHP, Apache
  https://hub.docker.com/_/php/
- MySQL
  https://hub.docker.com/_/mysql/

まずは個別の個別のDockerfileを作成します。MySQLのデータは永続化を簡易的に行います。また、Apacheの「html」ディレクトリも「~/html」と共有するように設定します。

それぞれDockerfileを作成しても構いませんが、MySQLは公開イメージをそのまま使うため必要ありません。

PHPのみ、MySQLと接続するクライアントをインストールする必要があるので、別途Dockerfileを作成します。

下記にディレクトリ構成を示します。

```
working-directory
+- docker-compose.yml
+- php/
    +- Dockerfile
+- html/
```

コード3-10　ファイル、ディレクトリ構成

PHPのDockerfileを作成します。基本イメージは公式のものを利用し、MySQLとの接続に必要なファイルをインストールします。

```
FROM php:7.0-apache
RUN apt-get update \
   && apt-get install -y libmcrypt-dev \
   && docker-php-ext-install pdo_mysql mysqli mbstring mcrypt
```

コード3-11　PHPのDockerfile

続いて、docker-compose.ymlを作成します。「php」タグと「mysql」タグの2つの設定があり、PHPのコンテナはMySQLに依存する設定にします。

なお、実際に運用に利用するには、「php.ini」やMySQLの「my.cnf」のデフォルトファイルを作成し、コンテナ作成時にコピーする方法も追加すべきでしょう。

```
version: '2'
services:
  php:
    build: ./php
    ports:
      - '80:80'
    volumes:
      - ./html:/var/www/html
    depends_on:
      - mysql
    links:
      - mysql
  mysql:
    image: mysql:5.7
    environment:
      MYSQL_ROOT_PASSWORD: pass
    volumes:
        - ./db:/var/lib/mysql
```

コード3-12　docker-compose.yml

コンテナの起動

　docker-compose.ymlに沿ってコンテナを作成、起動するには、docker-composeコマンドを使用します。さまざまな引数が用意されていますが、コンテナを起動するだけであれば、次のコード例を実行するだけです。

　初回の実行は、イメージがまだ作成されていないため、ベースとなるイメージのダウンロードや環境構築に若干時間を要しますが、イメージ作成後は、数秒で起動します。

```
docker-compose up -d
```

コード3-13　docker-composeでコンテナの起動

PHPとApacheの確認

Webサーバが実際に起動しているか確認するため、phpinfoを表示してみましょう。

「html」ディレクトリが、/var/www/htmlと共有されているため、まず、「html」ディレクトリに「phpinfo.php」を作成します。

ファイル作成後にWebブラウザから「http://localhost/phpinfo.php」にアクセスして、PHP情報の表示を確認します。

なお、Vagrantと同様に、共有するディレクトリなどはアプリケーションにより異なるので、適宜修正してください。

```
<?php
phpinfo();
?>
```

コード3-14　phpinfo.php

docker-composeコマンド

最後に、docker-composeの主要な引数を列挙します。コンテナを管理する最低限の引数なので、覚えておきましょう。

引数	説明
build	コンテナのイメージを作成（ビルド）。
pull	サービスにimage:が指定されている場合、指定イメージを取得。
up	コンテナを作成して起動。-d オプションでバックグラウンド起動。
start	コンテナがある場合、起動。
stop	コンテナを停止。
restart	コンテナの再起動。
rm	停止中のコンテナを削除。 -y オプションで自動でyを選択。
logs	コンテナのログを出力。

Chapter 4

チームでのデザイン制作

デザインフェーズでも、デザイナーやオペレーターなど複数の関係者がチームとなって制作にあたります。
チームでデザイン業務をスムーズに行うためには、効率的な業務フローの確立と情報共有が重要です。本章では、デザインチームがどのような作業を行うのか、それに伴ってどのような成果物を制作するのかを解説します。

4-1　デザインチームの役割
4-2　デザインガイドラインの重要性
4-3　デザインガイドライン
4-4　デザインルール
4-5　基本UI設計
4-6　UI設計書とデザインカンプの作成
4-7　デザイン指示書の作成
4-8　デザインテスト
4-9　デザイナーのコーディング対応

4-1 デザインチームの役割

デザインチームが担当する作業と成果物

　Webやアプリケーション開発の際に、デザインチームが担当するのは、下記の作業です。
　新規開発なのか保守運用なのかなど、プロジェクトの状況、ウォーターフォールやアジャイルなどの開発手法、開発規模などさまざまな要因によって細部に違いはありますが、ほとんどのケースでは、下記の流れでデザインフェーズは進みます。
　本項では、各フェーズでのUIデザイナーの役割と作成される成果物を説明します。

- デザインコンセプト策定
- UIデザイン
- リソース作成
- デザインテスト

デザインコンセプト策定

　デザインコンセプトを策定するフェーズでは、何故そのアプリケーションを作るのか、どのようなシーンでどのように利用され、どのような機能を持っているべきなのかを検討します。続いて、想定するターゲットユーザーにどのようなイメージを伝えるのかを決定して、ビジュアルをコントロールするデザインのトーン＆マナーを整理します。

　このフェーズでの成果物は、デザインルールや基本UIをまとめたデザインガイドラインです。

UIデザイン

　画面構成と各画面間の遷移をどうするか、どの画面にどの機能を実装し、どのようなUIで画面を構成するかなど、UI設計を行います。
　また、ここでの設計とデザインコンセプト

策定で定義したトーン&マナーをベースに、見た目のデザインを整えていきます。加えて、アニメーションなどの動きも定義します。

このフェーズでは、構成や画面UIがまとめられたUI設計書と実装画面の仕上がり見本である画面カンプが成果物です。

リソース作成

前フェーズで作成したUI設計や画面デザインに基づいてエンジニアが実装する際に、必要なUIデザインパーツを作成します。

デザインパーツに加えて、UIパーツやテキスト、その他コンテンツの色、サイズ、配置など、画面を構成するための情報も必要です。

ここでの成果物は、画像リソースと実装に必要な情報がまとまったデザイン指示書です。

また、独自のアニメーションを実装するのであれば、アニメーション指示書も必要になります。

デザインテスト

テストフェーズにもデザインチームが参加する必要があります。デザイナーが担当するテストとは、バグを洗い出す通常のテストではありません。UI設計書通りの画面遷移になっているか、デザインは間違いなく実装されているかなど、見た目の部分を確認します。

このフェーズで必要となるのは、デザインチェックリストです。

図4-1 デザインフェーズの流れと成果物

4-2 デザインガイドラインの重要性

デザインガイドラインが必要な理由

チームでデザイン制作を行う場合、もっとも重要なことは情報の共有です。複数のデザイナーが同時にデザイン作業を進めるプロジェクトでは、使い勝手を担保し、見た目を統一させつつ、効率的に作業を進めるために、デザインガイドラインを作成します。

デザインガイドラインとは、アプリケーションのコンセプトや基本UI設計、ビジュアルデザインのトーン&マナーなどをまとめたドキュメント資料です。開発チーム内での認識合わせにも使用しますが、デザイナー同士のコミュニケーションにも必要な資料です。

特に、サービスをマルチプラットフォームで展開するなど、複数のデザイナーが同じプロジェクトチームで動くケースでは必要になります。

デザインガイドラインがないケースでは？

デザインガイドラインでは、アプリケーションのコンセプトからターゲットユーザーや利用シーン、どのようなUIやデザインにするのかをまとめます。複数のデザイナーで無計画に設計すると、アプリケーションの全体構成やフローに矛盾が発生する可能性が高くなるためです。さらに、UI設計やデザインでも統一感がなくなります。

例えば、ニュースアプリでニュース一覧画面の1記事をタップすると、ニュース詳細画面は横に画面遷移して表示されるのに、ブックマーク画面で1記事をタップすると、ニュース詳細画面は下からモーダルで覆い被さる形式で表示されるなど、本来統一されて然るべきUIが、違う方法で実装、表示される問題が発生します。もちろん、明確な意図でそのような仕様にしているケースは問題ありませんが、意味もなく異なる実装、異なる画面遷移で表示されることは絶対に避けるべきです。

これに加えて、デザイン面では、構成やレイアウトに一貫性がない、無駄に色数が増える、文字の指定サイズが機能や画面単位でバラバラになる、オブジェクトの外観が統一されないなど、さまざまな問題が発生します。

また、この例では、最新ニュース一覧からニュース詳細画面に遷移する場合と、ブックマークから遷移する場合では、同じニュース詳細画面でも、レイアウトや文字サイズ、画像サイズが異なるといった問題が発生するかもしれません。

デザインガイドラインのデメリット

すべてのチーム開発でデザインガイドラインが必須になるわけではありません。大人数でのデザイン情報が共有できるため、大規模なウォータフォール開発などでは必要とされますが、作成には相応の時間を要します。加えて、仕様変更時のドキュメント更新にも時間とコストが必要です。

そのため、受託開発でクライアントからデザインガイドラインの納品も求められるなど、相応の理由が存在しない限りは、1人でデザインを担当する小規模開発やアジャイル開発などでは作成しないほうが良いでしょう。

図4-2 統一されていない画面遷移

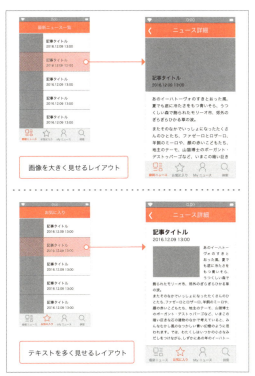

図4-3 一貫性がないレイアウト

4-3 デザインガイドライン

　本項では、デザインガイドライン内に記載する情報を具体的に見ていきましょう。デザインガイドラインには、大きく分けて下記の3項目を記入します。

- デザインコンセプト
- デザインルール
- 基本UI設計

デザインコンセプト

　デザインコンセプトは、何のためのアプリであるかを明確に記述したアプリケーションの概要、ターゲットユーザーとその利用シーンに加え、これらを包括的に考慮した上で、ユーザーにどのような印象を与えるのか、そのためには、どのようなビジュアルデザインが必要なのかといった、トーン&マナーを簡潔にまとめたものです。これらはユーザーに与える印象をコントロールするための重要な項目になります。

■ デザインコンセプト

日常を少し楽しくする、シンプルで心地よいデザイン

20代~30代前半の女性に向けた、明るくやわらかな印象を与えるデザイン。
日常生活になじんで、欲しい情報に素早くたどり着けるシンプルなニュースアプリ。
PCでも、タブレットでも、スマホでも同じように、知りたい情報がすぐに手に入る。
そんな使い勝手の良さが、日常生活をさらに魅力的にします。

⋮

図4-4　デザインコンセプト例

デザインルール

　デザインルールとは、デザインで使われる配色パターン、フォント指定やサイズなどテキスト要素のルール、その他統一すべきアイコンやボタンなどのデザインなどオブジェクトの作成規則をまとめた、表現の一貫性を保つためのビジュアルデザインルールです。

　これらのデザインルールを決めず、複数のデザイナーが好き勝手に作成すると、全体的に統一感がないデザインになってしまいます。

図4-5　デザインルール例

基本UI設計

　基本UIとは、主要な画面や機能間で共通するUIになります。スマートフォンアプリケーションで例えると、ナビゲーションバーやタブバー、リスト、ポップオーバーやダイアログなど、さまざまな画面で共通で使われる要素になります。

　クロスプラットフォームで開発する場合、基本UIはプラットフォームやOSごとに作成します。Webとアプリケーションで UI が異なるのはもちろんのこと、同じスマートフォンアプリでもiOSとAndroidではUIの流儀は違います。基本的な機能を合わせつつ、それぞれの特徴を押さえて作成することが重要です。

図4-6　基本UI設計例

デザインガイドラインの分割

ドキュメント作成に要する時間や更新の手間を考慮すると、開発ドキュメントは少ないほうが望ましいといえます。

しかし、大規模システムを複数プラットフォームにまたがって開発するケースでは、デザインガイドラインは膨大かつ煩雑な資料になりがちです。そのため、共通のデザインガイドライン(デザインコンセプトとデザインルール)と各プラットフォームごとのUIガイドラインを分割することも有効です。必要な情報のみをスムーズに管理・共有できます。

ただし、各ガイドラインの整合性には注意が必要です。基本UIガイドラインはチーフデザイナーが作成、もしくはディレクターが確認するなど「デザインの全体統括を担当する

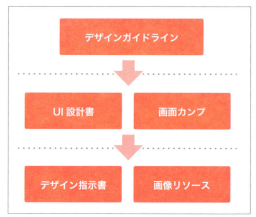

図4-7　基本的なドキュメント構成

人間」のチェックが必須です。また、更新時にも全資料が最新状態であるか、必ず確認する必要があります。

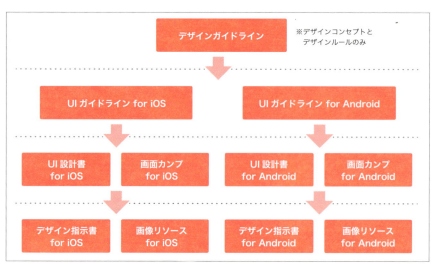

図4-8　複数OSにまたがったアプリ開発でのドキュメント構成

4-4 デザインルール

　デザインルールは、デザインするWebやアプリケーションのグラフィックの基本となる重要な情報です。ここで定義される情報は、複数のデザイナーがチームでデザインしていく際に、デザインのベースを合わせるために必要不可欠な存在といえます。

　本項では、デザインルールで定義する基本的な項目を説明しましょう。

- 配色
- 文字
- グラフィック

配色

　配色は、デザインコンセプトで決めたイメージを表現して、エンドユーザーに伝える重要な要素です。イメージを正確にコントロールするため慎重に決めていきましょう。

　基本的には、プライマリーカラーとサポートカラーを決めます。プライマリカラーとはデザインするアプリケーションを象徴する色です。例えば、企業組織のコーポレートサイトやアプリケーションでは、コーポレートカラーやブランドカラーが使われる場合もあります。

　一方、サポートカラーはプライマリーカラーを補完する色として設定する、グラフィック

図4-9　色の定義

要素などに使用する機能色です。

　プライマリーカラーは基本1色、サポートカラーはプライマリカラーとの相性の良い色を複数指定します。ただし、あまり色数を多くするとまとまりが悪く、イメージコントロールが困難になりがちなので、できるだけ少ない色で設計するのが好ましいです。

文字

　文字もデザインの印象を大きく左右する重要な要素です。まずは書体を指定し、続けて書体名やフォントのウェイト（太さ）を指定します。複数の書体やウェイトを利用する場合は、それらを含めてすべて記載します。

　スマートフォンの場合は、デバイスフォントを使うのか、特定のフォントを埋め込むのかなども記載します。左揃えやセンタリングなどのレイアウトも、基本指定が可能な場合は記載します。この他、デザインする上で必要な補足事項も記載しておきましょう。

■ 基本書体

原則として指定の無い個所はデバイスフォントを使用。右揃え、センタリングなどの指定部分以外は全て左揃えとする。
文字の読みやすさ、図版の見やすさを重視し、サイズやマージンを十分に確保する。

ヒラギノ角ゴ ProN W3
あのイーハトーヴォのすきとおった風、夏でも底に冷たさをもつ青いそら、うつくしい森で飾られたモリーオ市、郊外のぎらぎらひかる草の波。

ヒラギノ角ゴ ProN W6
あのイーハトーヴォのすきとおった風、夏でも底に冷たさをもつ青いそら、うつくしい森で飾られたモリーオ市、郊外のぎらぎらひかる草の波。

●最小フォントサイズ
基本16ptを最小フォントサイズとするが、写真のキャプションは14ptとする。

●文字間の最低マージン幅
左右8pt、上下10ptとする。

●行間
基本（5行以内程度）の行間は150%、長文の行間は170%とする。

図4-10　文字の定義

文字色

フォントの色もデザインルールで指定します。文字色をどのようなシチュエーションで設定するのかも定義します。

同じ黒文字でも数種類のグレーを指定するなど一定のルールを作成すると、デザイナーが作業する際に分かりやすく、より全体のイメージを統一しやすくなります。

図4-11 文字色の定義

グラフィック

デザインルールには、前述の配色や文字に加えて、どのようなグラフィックを作成するのかも明記します。

例えば、女性向けアプリケーションをデザインする場合で、明るくやわらかな印象を与えたいケースでは、「明るくやわらかな印象を与えるように、丸みのあるグラフィックで統一する。」などの定義を記述します。

オブジェクトのデザインテイストを指定することで、一貫性を保ちつつ、目的に合わせた画面をデザインすることが可能になります。

ただし、グラフィックデザインの指定を文章だけで正確に伝えることはかなり困難です。そのため、アイコンやボタンなど、主なデザイン要素なども参考として掲載する必要があるでしょう。

図4-12 文字色の定義

4-5 基本UI設計

　基本UI設計は、前述のデザインルールと同様、複数のデザイナーが同じシステムや、プラットフォーム、OSごとのUI設計を行う際に必要なドキュメントです。

　作成するデザイナーが違っても、機能や構成、フローなどの基本UI設計を統一することが目的です。設計のポイントは、どのUIをどこまで共通化するのかを明確にすることです。

UI要素のデザイン

　システムやアプリケーション開発では、UI設計と見た目のデザインを切り離すことはできません。UI要素、例えば、ナビゲーション、タイトルやラベル、アイコン、ボタンなどには、色や書体、グラフィック要素といった見た目の要素が必ず紐付くからです。

　そのため、基本UI設計では、デザインガイドラインで定義した配色や文字のルールをベースに、基本UIを組み立て、同時に見た目を整理していく必要があります。

図4-13　UI要素のデザイン

共通UIの定義

　システムやアプリケーションはさまざまなUI要素で構成されています。ベースのUI設計では、これらのUI要素の中から統一する共通UIを定義します。

　同じシステムやアプリケーション内で共通で使われるUIの例としては、次に挙げるものがあります。

- ナビゲーションバー
- ツールバー、タブバー
- ダイアログ、スクロールバー、ページインジケーターなど

図4-14　ナビゲーション

各UIには、主要な役割や使用するコンテキストなどの説明も記載します。また、デザインルールと同様、文章のみでは正確に伝えることはできません。必ずイメージを掲載し、いくつかのパターン例も載せましょう。

　Webサイトやスマートフォンアプリケーションの場合、ダイアログやインジケーター、スクロールバーなど、デフォルトのUIを使用できます。その場合もデフォルトパーツを使う旨を記載し、凡例も示しましょう。

アニメーションの定義

　UI要素で動く要素がある場合は、アニメーションに関しても定義する必要があります。

　画面遷移時の動きやダイアログ表示、ローディングインジケーターなど、システムやアプリケーション全体で共通するアニメーションを記載します。

　Webやスマートフォンアプリであれば、画面遷移やインジケーターなど、様々なUIとアニメーションがデフォルトで用意されています。それらデフォルトUIを使う場合であれば、どのUIや動きにするのかを指定するのみで問題ありません。しかし、独自のアニメーションを実装するのであれば、細かい動きまで定義しなければならないため、後述するアニメーション指示書が必要となる場合もあります。

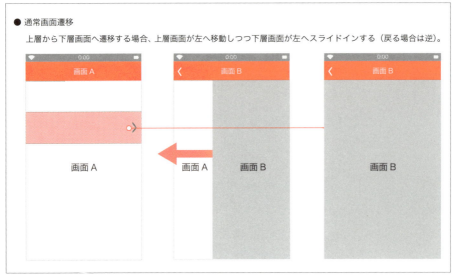

図4-15　アニメーションの定義

UI設計書とデザインカンプの作成

　前項で作成したデザインガイドラインをベースに、デザイナーはそれぞれの担当箇所の作り込みを行います。

　本項では、個別のUIデザイン制作作業へ落とし込む際に、注意すべき点や確認事項などを説明しましょう。

各プラットフォームやOSへのUI適用

　基本UI設計に基づき各画面へのUIを適用します。それぞれの画面構成は基本的な設計を踏襲してUIを組み立てますが、基本UI設計ではカバーできない箇所が必ず発生するため、個別に調整していきます。

　それらをまとめて、アプリケーションのUI全体を記載したUI設計書として仕上げます。設計当初は、ワイヤーフレームと呼ばれる白

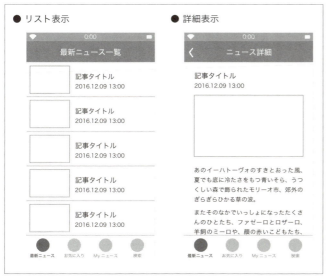

図4-16　ワイヤーフレームで作成した個別UI設計

黒の線画状態でも問題ありません。各画面のおおまかなレイアウトや構成要素をまとめていきます。なお、基本UIから外したUIを採用する場合は、必ずディレクターやチーフデザイナーなど、デザイン統括者と相談しつつ決めていきます。

デザインルールに基づいたデザインカンプの制作

　大枠のUI設計が完了したら、続いてデザインカンプの作成に着手します。個別画面のデザインもUI設計と同様、いくら細かくデザインルールを策定しても、そのルールですべての個別機能をカバーすることは困難です。カバーできない場合は、担当デザイナーが個別に作成する必要があります。

　個別デザインを作成する際に重要なことは、ルールは基本遵守することです。デザインルールで定義されている色、書体を組み合わせて、グラフィックのトーンマナーから外れないようにしましょう。やむを得ない理由で未定義の色や書体などを使用せざるを得ない場合は、必ずデザイン統括者に確認して進めます。

　デザインガイドライン内の各ルールを読み解いた上で、全体の一貫性を保ち、目的に合致したUI設計や画面デザイン制作をすることで、デザイン性と機能性の両方を担保することができます。

図4-17　デザインルールに基づいてデザインした画面カンプ

作業の分担方法

　チームでデザインする場合、どのデザイナーがどの箇所を担当するか、その分担方法にも注意が必要です。大規模な単一プラットフォームで複数のデザイナーが担当するケースでは、同じもしくは類似機能のデザインは、同じデザイナーが担当するようにしましょう。

　スマートフォンアプリケーションの開発で、複数OSに対応する場合は、例えば、iOSやAndroidなど、OSごとに担当するデザイナーを振り分けましょう。

複数OS対応時の注意事項

　スマートフォンアプリケーションの開発で複数OSに対応する場合、UI設計やデザインを行う時期をOS単位でずらしましょう。

　例えば、iOSとAndroidに対応する場合、いずれかを先行させて着手し、ある程度構成やフローが確定した段階で、後追いでもう一方に着手すると、効率的に作業を進められます。両OSに対して完全に並行してデザインすると、修正が入った場合に両方のUIを修正する必要があり、手戻りの増加に繋がります。

　一方のOSである程度の仕様が確定した段階で、もう一方のデザインに着手すると、無駄な作業を減らし、効率的にプロジェクトを進めることができます。

　また、アジャイルの場合はどちらかのみでイテレーションを回し、完成後にもう一方を開発する方針も検討しましょう。どのような環境、どのような手法で開発するにせよ、手戻りを最小限にして効率的に作業を進める工夫をすることが大切です。

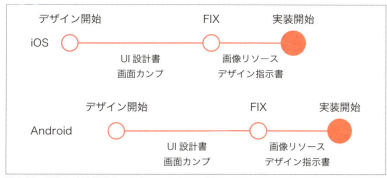

図4-18　複数OS対応開発時のデザインスケジュール例

個別機能や画面の確認

　各プラットフォームや機能などのデザイン制作完了後、デザイナーごとに担当デザインの細かいトーン＆マナーやUIをチェックする必要があります。個別で作り込んだ画面は、デザインガイドラインを制作したチーフデザイナーもしくはディレクターなど、デザインの全体統括担当者が確認する必要があります。

　たとえ、デザインルールがきっちりと作成されていても、別のデザイナーがデザインすれば、似た機能であっても必ずと言っていいほど見た目の差異が発生します。デザイン統括者は適宜デザインを確認して、デザイン上の矛盾が生じた場合は修正しましょう。

　UIに関しても同様です。基本UI設計をおさえたうえで、それぞれのプラットフォームやOS独自の流儀は守られているか、構成や機能ごとの画面フローに矛盾はないかなどを確認して、ズレや矛盾が生じている場合は調整していきます。

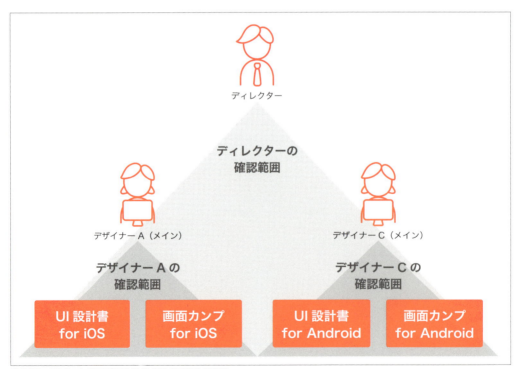

図4-19　iOS/Androidアプリデザイン時の各成果物の確認

4-7 デザイン指示書の作成

UI設計とデザインが一通り完了したら、エンジニアによる実装フェーズに入ります。実装に必要な画像リソースと、画像リソースをどのように画面上に配置するかを示す、デザイン指示書を作成します。

デザインガイドラインとデザイン指示書の違い

デザインガイドラインは、プロジェクトチーム間やデザイナー同士のコミュニケーションに必要な資料です。一方、デザイン指示書はエンジニアと共有する実装ドキュメント、エンジニアとデザイナーのコミュニケーションツールです。したがって、概念的な記述は不要で、具体的な数値や配置するリソース名などを明記します。

図4-20　デザインガイドラインとデザイン指示書の違い

共通箇所のデザイン指示

　最初は基本UIとして定義した共通箇所のデザイン指示書を作成します。ナビゲーションやリストなど、基本UIとして定義した要素の画像サイズ、配置箇所、マージン、画像リソースなどを指定します。

　加えて、文字要素に関しても記載します。フォントサイズやウェイト（太さ）、色などの情報に加えて、文字揃え（左揃え、中央揃え、右揃えなど）や、必要に応じて字間（文字と文字との間のスペース）も指定します。

　そして、これらの情報をセットにします。このセットを指示書の各画面説明時に記載することで、指示書の情報が整理され可読性が上がり、また、指示書作成の効率化にも繋がります。

　なお、指定する単位にも注意する必要があります。Webサイトの場合は「px」で指定しますが、スマートフォンアプリケーションでは、端末ごとの画面密度の違いをカバーするため、OSごとに独特の単位で指定します。

　iOSの場合は「pt」で、Androidの場合は要素のサイズやマージンは「dp」、文字は「sp」で指定する必要があります。

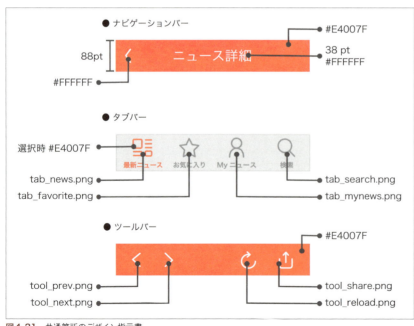

図4-21　共通箇所のデザイン指示書

個別対応箇所の指示

　共通箇所の指示書が完成したら、その共通指示書をベースに個別箇所の指示書を作成します。個別箇所の細かいUI指示は、基本的に画面ごとに作成します。

オペレーターが作成する場合は、作成後に必ずデザインを担当したデザイナーが確認するようにしましょう。

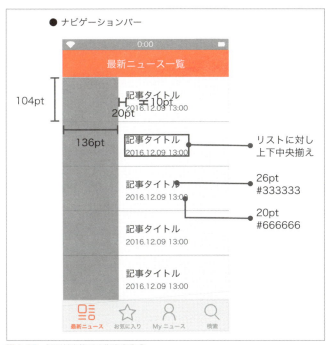

図4-22　個別対応箇所の指示書作成

画像リソース共有時の注意

　デザイン指示書作成と同時に作成するのが画像リソースです。指示書に記載している通りに画像リソースを切り出してパーツ化し、エンジニアと共有します。

　実装上の不都合やデザイナーのミスなどで再作成を求められることがあります。その際は、チャットなど個別箇所を担当するデザイナーとエンジニアの間のみでリソースをやり取りしないように注意しましょう。

　もし、作業しているリソースが全体に関わる共通パーツや他のデザイナー、エンジニアが対応している箇所に影響するリソースだと、本来は同一でなければならない仕様やリソースに差異が生じてしまいます。

　このような状況を回避するためには、各自で細心の注意を払うことも重要ですが、チーム全体でドキュメントやリソースの共有方法を明確にルール化しましょう。また、ファイルサーバやGitなど全体で管理できる環境を用意し、チームメンバー全員が常に最新状態のリソースで作業できるようにしましょう。

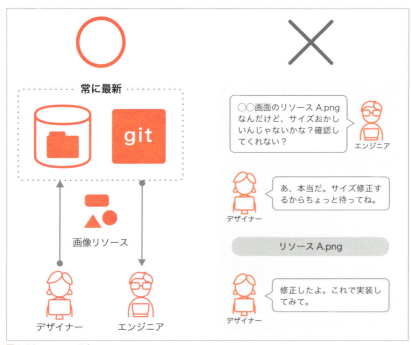

図4-23　リソース共有

アニメーション指示書

　独自のアニメーションを定義した場合、そのアニメーションの詳細を記載する必要もあります。

　スマートフォンアプリの場合であれば、画面遷移やモーダル表示、インジケーターなどデフォルトでさまざまなアニメーションが用意されています。そのまま使う場合は細かい指定は不要で、どのように遷移もしくは表示するかのみを指定すれば問題ありません。

　独自のアニメーションを実装する場合は、詳細な定義が必要になります。エンジニアと同じオフィスで肩を並べて仕事をするのであれば、大まかなイメージを伝えるだけで問題ない場合もあります。

　しかし、コーダーが近くにいない、精度の高い情報を記載したドキュメントが求められる場合は、動く間の秒数や移動座標、透過する場合は透過率などまで詳細に記載する場合もあります。必要に応じて、フレームレート（1秒間で何コマの画像が必要か）も指定します。

　開発チームの状況や求められる資料の精度などに応じて、必要なアニメーション項目を定義しましょう。

図4-24　アニメーション指示書

4-8 デザインテスト

実装後のチェックにはデザイナーも参加

　開発プロジェクトの場合、システムやアプリケーションのデザインクオリティを担保するには、テスト時にエンジニアやテスターが画面デザインを確認するだけでは不十分です。

　もちろん、UI設計やデザインカンプがデザインガイドラインで定義されたルールやトーン＆マナーなどに合致しているか、ミスがないかはデザイン画面作成時に確認して修正します。しかし、仕上がり見本としてのデザイン画面はデザイナーが作成しますが、実物のレイアウト構成はエンジニアが担当します。その際に、デザイナーとエンジニア間で必ずと言っていいほど認識のズレが生じます。

　さらに、画面遷移時やボタンタップなど、ユーザーアクション時に発生するインタラクティブアニメーションなど、静止画で確認できない表現もチェックする必要があります。

　実装後の確認も、エンジニアやテスター任せにするのではなく、必ずデザイナーがチェックするようにしましょう。

デザイナーがチェックする項目

　デザイナーは主にビジュアル面を確認します。色やフォントサイズ、微妙なレイアウトの崩れ、ちょっとしたズレなどデザイナーでしか分からない箇所を主としてチェックします。

　デザインガイドラインで定義されているメイン部分の確認はディレクターやメインデザインを策定したデザイナーなど、デザイン統括者が担当します。その後、担当デザイナーが個別対応した箇所をチェックし、意図通りにデザインが反映されているかを確認します。

　可能な限り、デザインテストの内容をエクセルなどでリスト化したデザインチェックリストを作成し、各チームメンバーで共有してテストしましょう。

テスト内容は、画面ごとに[テキスト][色][画像]などのカテゴリに分類して、それらが正しく実装されているか、されていない場合はその箇所と修正内容をコメント機能などで記載し、エンジニアと共有しましょう。

画面ID	画面名	テキスト	色	画像	レイアウト	動作	条件違い
-	全体	NG	NG	NG	NG	NG	OK
A_01_01	スプラッシュ	OK	OK				
B_01_01	最新ニュース一覧	OK	NG				
B_01_02	最新ニュース一覧_画像なし	OK	NG				
B_02_01	ニュース詳細	OK	NG				
B_02_02	ニュース詳細_画像なし	NG	OK				
B_02_03	ニュース詳細_動画	NG	OK	NG	OK	NG	OK

●ボタンのタップ時は、文字だけまたはアイコンだけが不透明度80%になっているが、背景のボックス、文字、アイコン全て合わせて不透明度80%に変更。(デザインガイドライン:P7参照)

●モーダルのナビゲーションバーの色が違う。

●リストタップ時の色が濃い。また、画面によって色が違う。正しくは、タップ時：通常時の仕様で背景色：#999999。

図4-25 デザインチェックリスト

デザインテストの範囲

実装される全画面をデザインテストでチェックするわけではありません。例えば、異常系テストでの細かいエラーパターンなど、一定のパターンでデザインされてエラーメッセージのみが変わる画面を、すべてデザイナーが確認することには意味がありません。

機能や画面が設計した通りに実装されているかといった仕様面は、後述するコーディングサイドのテストで対応する範囲となります。

明らかなレイアウトの崩れやテキストが途切れている、表示されるべき要素が表示されていないなどは、エンジニアやテスターのテスト範囲として切り分けしましょう(図4-26)。

また、それぞれのテスト範囲を明確化するために、お互いの確認範囲とテスト項目を洗い出し、チーム内で共有しましょう。

ただし、システムやソフトウェア開発の場合、デザインとコーディングの範囲が明確に切り分けし切れない箇所も存在します。そのため、テストを担当するデザイナーやエンジニア、テスターが「ここはデザイナーが確認する箇所なのでテスターは関係ない」「テスターがチェックしているはずなのでデザイン側からは指摘は不要」といった他責の意識で確認をしていると、チェック漏れが発生することがあります。もちろん、責任範囲の切り分けは必要です。しかし、同じプロジェクトチームとして動いている限り、実際のテスト時にはお互いにチェック範囲をカバーし合うよう心がけることが大切です。

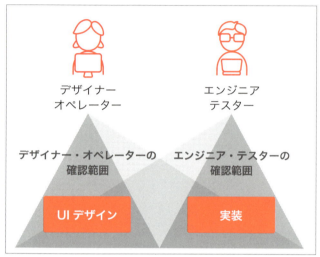

図4-26　テスト範囲

Column：そのドキュメント、本当に必要ですか？

本章ではデザインガイドラインやUI設計書など、チームでデザインする際に必要なドキュメントを紹介しています。しかし、これらのドキュメントは本当にすべて必要なのでしょうか？

ドキュメントを作成する目的は「チーム内で開発に必要な情報を共有すること」です。チーム体制や開発規模によっては資料が不要となる場合もあります。

例えば、デザインチェックリストは、アプリの規模が小さく、デザイナーとエンジニアがデスクを並べて作業している状況であれば、紹介したほど細かく項目を分けたり、詳細な内容を記載する必要がない場合もあります。むしろ、ドキュメントの作成や更新に手間が掛かり非効率となります。ドキュメントを作らずにRedmineやBacklogでの課題を管理する程度で十分でしょう。

ドキュメント作成に無駄なコストを費やさないために、ドキュメント作成は必要最低限に留めるべきです。すべての要件を漏れなく記載しようとして、開発やデザインの時間が削られるのであれば、本末転倒です。

どの資料、どの項目が必要なのかを考慮した上で、メンバーが本当に必要な情報のみを、漏れなく共有しましょう。

4-9 デザイナーのコーディング対応

デザイナーによるフロントコーディング

近年、デザイナーとエンジニアの境界は徐々になくなっています。海外ではUIデザイナーがフロントコーディングを担当することは珍しくありません。国内でも「デザインエンジニア」と呼ばれる新しい職種が注目されるなど、見た目のデザインを整えつつ、コーディングもできる人材は増加傾向にあり、世の中からも求められる存在となっています。

また、ロジックが組めなくても、デザイナーがフロントのみを実装するケースも増えつつあります。

メリットとデメリット

デザイナーがフロントコーディングを担当することには、いったいどのようなメリットがあるのでしょうか。大きなメリットとして、以下の2点が挙げられます。

- ドキュメント作成の負荷が軽減される
- デザインチェックが不要になる

まず、本章でここまで紹介したデザイン指示書ですが、デザイナーがフロントコーディングまで担当する場合は、資料そのものが必要ではなくなります。また、同時にUI設計書やデザインカンプも詳細まで作り込む必要性もなくなります。

デザイナー自身が、UIやデザインを実装まで落としこむことで、エンジニアはフロントコーディングを担当することがなくなり、デザイナーとエンジニアの間での認識合わせが

不要となるからです。

　また、指示書の微調整や実装の不都合によるパーツの再作成など、無駄な調整もなくなります。さらに、同様の理由でデザインチェックの負荷も軽減します。

　一方、デザイナーがフロントコーディングを担当するデメリットとしては、以下の項目が挙げられます。

- デザインルールやUI設計が個人に依存してしまう
- デザイナーの業務負荷が増加する

　ドキュメント作成の負荷が軽減する代わりに、UIやデザインのルール、要素の規則が明文化されなくなります。そのため、UI設計やデザインがデザイナー個人に依存することになります。

　その結果、デザイナーが交代する場合の引き継ぎが円滑に進まない、二次開発での機能拡張やリニューアル時にUI設計思想やデザインルールにズレが生じるなど、さまざまな不都合が生じます。

　また、デザイナーの担当作業が大きく膨れあがるデメリットもあります。コーディング作業に加えて、コーディング規約の確認やバックエンドを実装するエンジニアとの認識合わせなどの業務も増加します。作業負荷の増大に伴い、純粋なデザイン作業に集中できなくなる状況が発生しがちです。

　他にも、デザイナーに一定水準のエンジニアスキルが求められるなど、デザイナーがコーディングを担当すること自体にスキル的な制約が掛かります。

　本項で挙げたメリットとデメリットを考慮すると、大人数のメンバーが関わり、それぞれの役割がはっきり決まっている大型開発プロジェクトでは、デザイナーがコーディングを担当することはおすすめできません。

　しかし、アジャイルなどスピーディな対応が求められるケースや、開発規模が小さくデザインの負荷が小さい場合、チームにデザイナーが1名で、公開後のメンテナンスフェーズでも、担当デザイナーが代わらない場合は積極的に関わっていった方が良いでしょう。

　なお、逆にエンジニアがデザインツールを使ってリソースを書き出し、デザインデータからレイアウトを読み取って実装していくケースもあります。この場合も、デザイナーがコーディングを担当する場合と同様のメリットとデメリットが存在します。プロジェクト規模やチームメンバーのスキルに応じて、最適な役割分担を検討しましょう。

Chapter 5

コーディング

開発工程でエンジニアは、コーディング作業の他にも、デザイナーが用意する画像リソースの適用やレイアウトの反映など、さまざまな作業も担当するため、開発におけるエンジニアの作業比率は高いといえます。そのため、エンジニアが効率よく実装を進め品質を向上させることが、チームでの開発における重要な課題の1つです。

本章では、コーディング方法やコードレビュー、ユニットテストの重要性などを解説します。

- **5-1** コーディング規約の重要性
- **5-2** コーディング規約の策定
- **5-3** コードレビューの必要性
- **5-4** コードレビューのポイント
- **5-5** テストの必要性
- **5-6** ユニットテストとカバレッジ
- **5-7** テストケースの策定

コーディング規約の重要性

コーディング規約はコードを記述する指標となり、複数のエンジニアやデザイナーがいる開発では、真っ先に決めるべきルールです。コーディング規約に従ってコードを書くことで、コードには統一感が生まれ、可読性が向上し、保守が容易になるからです。

本節では、コーディング規約の重要性、規約を策定する際のポイントを説明します。

統一的で可読性の高いコードを目指すには？

他人のコードや過去のコードを読んで、理解し辛い、汚いと思ったことはエンジニアであれば一度や二度あるはずです。

コーディング規約がない、もしくは規約に沿っていないコードは、エンジニアの癖や習慣が多分に反映されるため、理解し辛いコードになりがちです。

コーディング規約は、統一的で理解が容易なコードを効率的に生産するためのものです。昨今では、コーディング規約を導入するケースが増えていますが、それでもコーディング規約を導入していない開発チームも数多くあります。

コーディング規約がなぜ受け入れられないのかを考え、規約の重要性を解説します。

コーディング規約の策定を阻む要素

エンジニアは職人気質で、これまで書いてきたコードに自分なりのスタイルとこだわりを持っていることが多い印象があります。

コーディング規約の導入は、エンジニアが培ってきたスタイルを壊して、規約に従うことを意味し、エンジニアによっては多大なストレスになることは想像に難しくありません。

反対意見が多く導入できない、もしくは規約策定の時間が取れず、後回しになっているケースがあるはずです。まずは、導入の障壁となる要素を挙げてみましょう。

- 規約を決めるのが大変。もしくは時間がない。
- 規約に縛られたくない。
- 自分のスタイルを崩したくない。
- 規約がなくてもいままでうまくやっている。
- そこまでしなくてもと軽視している。

etc.

コーディング規約不在の問題点

　コーディング規約が策定されていないケースでの問題点は、数え上げれば切りがないほど、数々の要素が挙げられます。

　ほとんどのエンジニアは、とにかく面倒なことは避けたいと考えがちです。それでは、コーディング規約を策定せず、各々が好きなようにコードを書いた場合の問題点を考えてみましょう。

- コードに統一感がない。
- 人のコードを読むのに時間がかかる。
- バグの箇所を特定しにくい。
- 引き継ぎや、増員の際にコードの理解に時間がかかる。
- メンテナンス性が落ちる。
- 機能拡張がしづらい。

etc.

　上記の問題点から、コードが統一されていないため、「他人のコードを把握しづらい」ことが読み取れます。

コーディング規約の必要性

コーディング規約を適用することで、得られるメリットはいくつもありますが、重要な項目を下記に挙げましょう。

下記に示す通り、コーディング規約を適用するに値するメリットは多大です。

- コードの方言をなくすこと。
- 見やすいコードで、メンテナンス性が向上。
- 処理が明確になる。

少数の開発チームで、エンジニアが1名もしくは2名のケースでは、コーディング規約は必要ないと考えがちです。

しかし、コードを担当したエンジニアが永遠にメンテナンスし続けることはほぼありません。他人が引き継ぐことを考慮して、可能な限りコーディング規約を作成し、規約に則ってコードを書くべきです。

また、受託開発の場合では、納品物であるソースコードがそのまま会社の印象に直結してしまうケースもあります。自分が発注元で、一定のルールで書かれたコードと、まったく統一されていないコードを受け入れ検査することを想定すると、その印象の違いは明白と分かるはずです。

未来の自分への配慮も忘れてはなりません。自分が書いているコードは、気付かないうちに少しずつスタイルが変化しているものです。過去のコードを見て、「どうしてこんな書き方をしたのだろうか？」「分かりづらい！」などの感想を持ったことがあるはずです。

コーディング規約を策定しておけば、記述による揺れは解消されるため、将来的に過去のコードを振り返って、悲しい思いをすることも減るはずです。

コーディング規約を適用することは、人間が決められた規約に則って、コードを書くだけの機械になることを意味するわけではありません。エンジニア各々の書き方にある方言をなくし、統一された可読性の高いコードが生成される一方で、エンジニアの技量はアルゴリズムなどで存分に発揮すれば良いのです。

コーディング規約の策定

　前項「5-1 コーディング規約の重要性」では、その重要性を説明しましたが、規約はどのように作成すればよいのでしょうか。

　ゼロから作成する場合は、規約の対象となる開発言語に精通しているエンジニアがいないと、方言だらけになりかねませんし、大変な作業になってしまいます。

　既に一般公開されているコーディング規約や開発言語標準のコーディング規約などをベースに、チームの状況を加味するのが、偏りが少ない規約を素早く作成するコツです。

　なお、厳密なコーディング規約が望ましい場合もありますが、少人数で比較的小規模のプロジェクトでは、厳密に定めるとコーディングの足枷になる可能性も否めません。

　最低限押さえるべきところは策定し、エンジニアの裁量に任せられる部分は緩やかにするなど、バランスを取ることが重要です。

規約でのポリシーの重要性

　コーディング規約の重要性を理解した上で、作成前に規約で定める項目を決定する必要があります。基本的には下記に示す項目を定めます。

- ポリシー
- 命名規則
- モジュール構成
- コーディングスタイル
- 禁止事項

　上記冒頭の「ポリシー」ではコーディング規約が目的としているものを明確に示します。特に小規模プロジェクトでのコーディング規約など、エンジニアの裁量に委ねて緩やかな規約の場合は、ポリシーの内容が大きな意味を持ちます。

　例えば、状況に応じて一部に例外を認める場合があるプロジェクトでは、その旨も明記し

ておくべきです。さらに必要に応じて、プロジェクトや企業特有の目的なども併記することになります。ポリシーで記述する内容は、概ね下記に示す内容になります。

- コードをわかりやすく美しく保つ。
- 保守性を考慮する。
- パフォーマンスが必要な箇所では、例外的に規約を無視してよい。

命名規則

「命名規則」では、プロジェクト内で利用する変数や定数、メソッド、クラスなど、あらゆる名称の命名に関する規約を定めます。

コードのみならず実体を保存するファイル名に関してもルールを記述します。一般的なプログラミング言語では、公式と非公式を問わずルールが用意されています。可能な限り、そのルールに沿って作成することが重要です。

以下に簡単な例をあげて、それぞれ設定する内容を説明します。

- 日本語での命名について。
- スネークケースとキャメルケース。
- 理解できる名称を付ける。
- 変数や一時的な定数は小文字で始める。
- グローバルな定数は大文字で始める。
- クラスや構造体は大文字で始める。
- ファイル名はクラスまたは構造体と同じとする。
- 真偽型の名称は肯定的な意味を持たせる。
- 意味が分かる名称を付ける。
- ローマ字表記の禁止。

日本語での命名

　クラス名やメソッド名を日本語で命名できる言語は多くなっています。また、ファイル名は日本語が使えるケースがほとんどです。

　日本語は基本的に日本国内で利用されるローカルな言語です。プログラミング言語での標準的な言語は英語です。この点から経験を積んだエンジニアには、日本語によるメソッドや関数の命名に反対する傾向があります。

　しかし、若い世代は日本語に対する抵抗感は少なく、分かりやすいと感じることも事実です。いずれにしろ、宗教論的な議論に発展しやすいので、コーディング規約では、日本語の取り扱いを明記すべきでしょう。

スネークケースとキャメルケース

　スネークケースとキャメルケースの混在は、コードの可読性を損ねるだけではなく、クラスやメソッドを使用する側にも、大きな混乱をもたらします。特にライブラリで記述方法が統一されていないケースでは、顕著に問題が発生します。

　したがって、クラス名やメソッド名などの命名に関して、スネークケースもしくはキャメルケースのどちらを採用するか、コーディング規約で明記すべきです。また、ハンガリアン記法を利用する場合も明記が必要です。

理解できる名称

　クラス名やメソッド名、変数などの名称は、意味を持ち理解できる名称を付ける必要があることを明記します。

　また、省略しても意味が伝わるものと、省略したら意味が分からないものに関して、注意書きを併記しておきましょう。

大文字と小文字の表記

　定数やクラス名、構造体などの名称を大文字にするのか、小文字にするのか、コーディング規約で定義します。複数のエンジニアのコードで、大文字・小文字の利用が統一されずバラバラになることを防ぎます。

真偽型の名称

　真偽値の名称が、否定的な意味と肯定的な意味が混在する状態より、どちらかに寄せた方が分かりやすい観点から、コーディング規約に記載することをおすすめします。

　ただし、気にならない、そこまで厳しくしたくないなどの理由で、記載しない選択肢でも構いません。

ローマ字名称の禁止

　ローマ字での命名を規約に含める必要はないケースもありますが、ローマ字の使用を禁止する記載を含めることをおすすめします。

　ローマ字表記を許すのであれば、前述の日本語表記を認めるべきだと考えられます。

モジュール構成

モジュール構成は、ディレクトリ構造やモデル階層など、プロジェクトのファイル配置を定めます。例えば、iOSのケースでは、実際のファイル階層ではなく、IDE（Xcode）での階層を定義する場合もあります。

プログラミング技法によって、一概に決められない場合もあるため、リソースファイルの格納ディレクトリを定義するなど、大きな枠組みだけを規定します。

下表で示す構成例は、Laravel 5が標準で作成されるディレクトリ構成を、そのまま使用しています（表5-1）。

Laravelに限らず、多くのフレームワークは柔軟に変更できるので、開発環境に習熟したエンジニアを中心に、プロジェクトに応じた、モジュール構成を検討すると良いでしょう。

ディレクトリ	対象ファイル
app/	アプリケーションのコアコード
+- Console/	拡張Artisanコマンド
+- Events/	イベントクラス
+- Http/	コントローラなど、リクエスト処理
+- Http/Controllers/	コントローラ
+- Listeners/	イベントリスナ
config/	各種設定
public/	アセット
resources/	リソース
+- assets/	アセットの元ファイル（SASSなど）
+- views/	レイアウトなどのテンプレート
tests	テスト

表5-1　Laravel5の場合

グループ	対象ファイル
Config	アプリケーション全体の設定値
Controllers	コントローラ
Models	モデル
Views	ビュー/TableCellなど
Boot	AppDelegateなど、起動時に必要なファイル
Extensions	クラスの拡張定義
Resources	.xcassetsや各種リソース

表5-2　iOS（Xcode）の場合

　右図はiOSアプリケーションのモジュール構成例です（図5-1）。Xcodeでのグループのみの規定ですが、同様のフォルダ構成にすると、求めるソースが見付かりやすくなります。

　また、ライブラリはアプリケーションと異なる構成となるケースが多く、別途規定すべきでしょう。上表はプロジェクト名のグループ配下を対象にした構成例です（表5-2）。

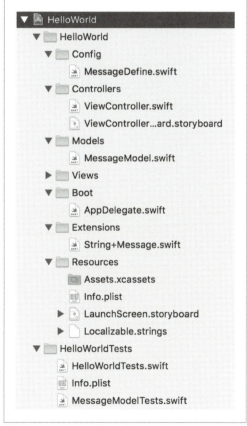

図5-1　Xcodeからみたグループ

コーディング規約の策定　137

コーディングスタイル

　コーディングスタイルは、コードの可読性を向上させるために必要な規約です。ここでは、一般的に定義される項目の一部を、下記に列挙します（数値はあくまでも例です）。

　例えば、インデントでは、TAB文字もしくはスペース（空白文字）を使うのか、4文字相当か2文字相当かなど、基本的な部分ですが、エンジニアの好みが大きく分かれる部分です。

好みで判断せず、オープンソースなどを調査して、現在主流のものを利用しましょう。

　また、バグを未然に防ぐための意味で、次に挙げる項目を用意する場合もあります。規約のみを列挙すると、内容を掴みづらい項目もあります。規約に沿ったコード例と、規約から外れたコード例を記述し、分かりやすい規約を用意しましょう。

- インデント
- コメントの書き方
- `{`の位置
- `()`のスペース
- 配列宣言
- 引数の記述方法
- 演算子の前後のスペース
- 1行は最大100桁以内を目安とする。
- 1メソッドあたりの行数は100行以内を目安とする。
- 1クラスあたりの行数は1000行以内を目安とする。
- 1クラス、1ファイルを原則とする。

elseは排除

else が省ける場合には、極力省くようにする。

```
// 推奨しない
func setup() {
    if isOpen {
        // open
        setupOpen()
    }
    else {
        // close
        setupClose()
    }
}
```

```
// 推奨
func setup() {
    if isOpen {
        // open
        setupOpen()
        return
    }
    // close
    setupClose()
}
```

早期returnによりネストを浅くする。

早期にreturnをすることで、余計なネストを減らす。

```
// 悪い例
func setup() {
    if isOpen {
        // open
        setupOpen()
    }
}
```

```
// 良い例
func setup() {
    if !isOpen {
        return
    }
    // open
    setupOpen()
}
```

継承されないクラスにはfinalを付ける。

継承して欲しくないクラスや、継承される予定のないクラスは、final を付ける。

```
// 継承されるクラス
class Sample1 {
}
```

```
// 継承されないクラス
final class Sample2 {
}
```

変更しない値を扱う際には定数を使う。

ローカル変数などで、一度値を設定したら二度と変更しない変数は定数として宣言する。

```
// 悪い例
var height = 10
```

```
// 良い例
let height = 10
```

外部に公開しないインターフェイスはprivateにする。

```
// クラスをprivate化
private class Sample1 {
}
```

```
// メソッドや変数をprivate
class Sample2 {
    private var volume = 0
    private func increment() {
        volume += 1
    }
}
```

{ の位置

{ は単独の行にせず、メソッド(関数等)名の前に空白をいれ、続けて記載する。

```
// 悪い例
func bad()
{
}
```

```
// 良い例
func bad() {
}
```

　本項で紹介した項目は、ごく一部の例に過ぎませんが、このようにコーディング規約には説明の他にコード例を示すことで、規約の内容を一目で把握できます。

　特にエンジニアは、コードを見慣れていることから、文章による説明よりもコード例で示す方が、理解が早いといえます。積極的にコード例を組み込みましょう。

禁止事項

コーディングで禁止する事項を記述します。

暗黙的な了解の上で使用していない項目に関しても、ルールとして明文化して記載する必要があります。

例えば、下記に挙げる項目などです。規約として明記することで、増員、保守、引き継ぎなどで、途中からチームに参加するエンジニアにも周知できます。

- gotoの使用は禁止
- ハンガリアン記法は使用しない
- 4段以上のネストは禁止
- マジックナンバーは禁止

コーディング規約の更新

規約の作成が終わったら、実際に規約に沿ってコードを記述することになりますが、開発を進め運用していく過程で、実状にはそぐわない箇所が発生するケースもあります。

運用している途中で規約を変更するケースで問題になるのは、過去のコードを新しい規約に沿って修正する必要があるのか、変更する場合はいつ実施するのか、判断に迫られることです。

規約全体にわたって大きく変更されることはまずありませんが、万が一、大規模な変更が入るのであれば、コーディング規約のポリシーや既存コードの量などを検討して、コード修正の決断を下す必要があります。

仮に軽微な修正であれば、過去のコードは次回修正時に、修正と共に規約を適用させる方法もあります。

バージョン	変更日	内容
1.0.1	2016/06/15	【変更】変数の型について
1.0.0	2016/04/01	初版公開

公開されているコーディング規約の利用

本節では規約作成のポイントを解説しましたが、実際にゼロからコーディング規約を作成するのは大変な作業です。

プログラムにも同じことがいえますが、先人が築き上げたものを使用して、効率よく作業することが重要です。

デファクトスタンダードといえるコーディング規約が存在するプログラミング言語があったり、企業や個人でコーディング規約を公開しているケースもあります。まずは公開されているコーディング規約を採用し、実際に運用していく過程で、チームやプロジェクトの実状に合った規約に修正していく方法がよいでしょう。

下記に、各種プログラミング言語のコーディング規約で公開されている例を掲載します。あくまでも一部に過ぎず、これ以外にも数多くのコーディング規約が公開されています。是非とも参考にしてください。

- **PHP**
  PSR: http://www.php-fig.org/psr/
- **Objective-C**
  Coding Guidelines for Cocoa
  https://developer.apple.com/library/mac/documentation/Cocoa/Conceptual/CodingGuidelines/CodingGuidelines.html
- **Ruby**
  Ruby Associationによる紹介
  http://www.ruby.or.jp/ja/tech/development/ruby/050_coding_rule.html
- **Swift**
  https://swift.org/documentation/api-design-guidelines/
- **C#**
  https://msdn.microsoft.com/ja-jp/library/ff926074.aspx

コードレビューの必要性

　チーム開発では、個々のメンバーのスキルレベルが違うことは多々あります。
　スキルレベルが低いメンバーのレベルを上げるには、高いレベルのメンバーが教育するか、自らが学習するしか術はありません。
　教育で有効なのがコードレビューです。本節ではコードレビューをどのように実施すればよいか解説します。

レビューの必要性

　成果物を作成する上で、レビューは重要な役割を果たします。現在筆者が書いている文章も、編集と呼ばれるレビューを経て、成果物として書籍となり、読者である皆さんの手元に届いているわけです。
　例えば、仕様書作成でも、自分だけで自由に仕様を決める訳にはいきません。作成する過程で必ず第三者のレビューが入り、最終的な仕様が決定するはずです。同様にコードもレビューの実施が望ましいといえます。

レビューの導入

　コードレビューは、エンジニアのソースコードだけではなく、Webアプリケーションの場合はHTMLやCSSも対象として、デザイナーもレビューを担当します。
　コードレビューの習慣がないエンジニアやデザイナーは、コードレビュー実施を聞くと、まず躊躇して拒否反応を示す場合もあります。
　「自分のコードを触られたくない」、「評価されるのが恥ずかしい」など、どんな指摘をされるのか不安であったり、レビュー側に回っても、適切に指摘できるか分からない不安から来ていると推測できます。
　一部のエンジニアは、「自分のコードは完璧だから、レビューなんて不要」と考えるかもしれません。しかし、どんなに完璧なコードと思っても、第三者がレビューすると、このアルゴリズムを使うとすっきりと記述できる、この部分は冗長だから処理を分割すべき、など

さまざまな指摘が出てくるものです。

　なお、指摘だけではレビュー側もレビューされる側もストレスを抱えがちです。指摘だけではなく、良いロジック、良いコードは積極的に褒めることも重要です。

スキルレベルの引き上げ

　余程長期にわたるチームでない限りは、チーム内のエンジニアのスキルレベルが揃うことはありません。スキルレベルが異なるメンバーで構成されているのが一般的です。新人配属やプロジェクト進行中の増員などで、スキルレベルにはバラツキが生じます。

　チームのスキルレベルを揃えるには、レベルの高いメンバーが低いメンバーを教えるのが理想ですが、稼働中のチームでは、教育時間を確保できないことが容易に推測できます。
　まして、エンジニアの世界は常に勉強が必要で、習うより慣れろ、他人のコードを真似て考えることがスキルレベル向上の近道です。

　コードレビューでは、他人のコードを読む、自分でコードを書く他にも、指摘や書き方の質問、意見も可能です。

　コードレビューはエンジニアのスキルレベルを向上させる要素を兼ね備えています。もちろん、レベルが高いメンバーが低いメンバーのコードに対するだけではありません。低レベルのメンバーが高レベルのメンバーのコードをレビューすることも重要です。
　また、パフォーマンスに問題が起こり得る箇所や、セキュリティ的に危険な箇所をレビュー時に注意することで、自然と理解できるものです。

ロジックのミスを防ぐ

　コードレビューは教育だけではなく、他にも重要な意味を持ちます。複数の目を通すことで、ロジックのミスを防ぐ狙いもあります。
　ロジックのミスはユニットテストでも、ある程度は防げますが、メソッド内の細かい処理すべてはカバーできず、人の目が重要になります。無駄な処理を判断する場合も同様です。

　次ページにコード例を示します（コード5-1）。
　2個の引数を受け取り、引き算を実行するメソッドがあります。このメソッドは正しい結果を返すため、ユニットテストでは正常にテストをパスします。しかし、よく見ると無駄な処理があり、今後のメンテナンスに支障を来す可能性があることが分かります。

図5-2　コードレビューでのやり取り

```
// aからbをマイナスした結果を返す
func sub(a: Int, b: Int) -> Int {
    let left = -a   // (1)
    let right = -b  // (1)
    let c = 100 // (2)
    let result = left - right
    return result * -1 // (3)
}
sub(10, b:4) // 結果: 6
```

コード 5-1　内部のロジックに無駄やおかしい部分があるコード例

- (1) なぜか受け取った値をマイナス値にしています。
- (2) 使われてない変数を作っています。
- (3) (1)でマイナス値にしてしまっていたので、最終的につじつま合わせをしています。

前述のコード例は極端ですが、メソッドの結果は正しいけど、処理が無駄に複雑になるケースは、注意しても発生します。しかも、作成した本人は気付きにくいのが現状です。

しかし、コードレビューでロジックのミスを指摘し、無駄のないシンプルなコードにできます（コード5-2）。

ちなみに、コード例のメソッドはわざわざ呼び出す必要がないメソッドであるため、最終的にはレビューで「このメソッド自体が必要ない」と指摘され、メソッド自体がなくなるのが正解です。

```
func sub(a: Int, b: Int) -> Int {
    return a - b
}
sub(10, b:4) // 結果: 6
```

コード5-2 シンプルになったコード

コーディング規約の徹底

コードレビューは、コーディング規約が徹底されているかを確認する役割もあります。

初めて規約を作成しコードレビューを実施するチームにとって、規約が徹底されているかを確認することがコードレビューの大きな役割です。

最初のコードレビューの大半は、コーディング規約に対する指摘になるかもしれませんが、これで属人性を排除した保守性の高いコードを生産できます。

コミュニケーションの活性化

コードレビューの実施では、メンバーの癖や技術レベルが把握でき、指摘のやり取りでメンバーの特徴も分かります。そして、チームの結束を深め、コミュニケーションの活性化にも役立ちます。

例えば、技術レベルが低いエンジニアが高いエンジニアに質問するケースでは、質問し辛く、最終的には切羽詰まった段階で聞くことになりがちです。しかし、コードレビューを利用すれば、実際に自分のコードを書いてレビュー依頼を出すことで、高レベルのエンジニアも指摘しやすく、多くのことを教えることができます。

また、積極的に絵文字などのリアクションを付けることで、メンバーは自信を得られ、コミュニケーションの話題にもなります。

5-4 コードレビューのポイント

　コードレビューは、コーディング規約に沿ったコードか、ロジックに間違いはないか、などをチェックすればいいわけではありません。

　レビューする側もレビューされる側も1人の人間です。レビューに限りませんが、ちょっとした書き方の違いで相手を傷つける可能性もあります。ましてや、レビューでは指摘が主になるので、レビューされる側は攻撃される感覚を持ったり、否定される気分になる可能性もあります。

　また、どのタイミングでコードレビューを実施すればいいのか、根本的な問題もあります。本節ではコードレビューの頻度、レビューを円滑に実施するコツなど、いくつかのポイントを解説します。

自らのコードレビュー

　チームメンバーにレビューを依頼する前に、自ら自分のコードをレビューすることをおすすめします。GitHub上で差分を眺めていると、コードを書いているときには気が付かなかった無駄な空行やインデントのズレ、使用していないメソッドなど、些細なミスに気付くことができます。

　自分のコードをレビューし修正することで、メンバーのレビューに対する負荷が軽くなります。必ず実施するように心掛けましょう。

コードレビューのタイミング

　本書ではソースコードのバージョン管理には、GitHubもしくは同等のサービスを使用することを前提にしています。GitHub以外でソースコードを管理している場合は、コードレビューのタイミングをチーム内で決める必要があります。

　GitHubでは、プルリクエストを送ることで、作業ブランチから別ブランチへのマージを依頼できます。プルリクエストでは、コードに対してコメントを入力できるため、コードレビューは、プルリクエストのタイミングで実施するのが良いでしょう。

プルリクエストのタイミングでコードレビューを実施することで、レビューを通過し整えられたコードのみがマージされ、最終的な成果物はすべて、コードレビューを通過したもののみとなります。

ちなみに、Git Flowの場合は、featureブランチからdevelopブランチにマージするタイミング、GitHub Flowではmasterブランチにマージするタイミングで、それぞれプルリクエストを発行して、コードレビューを実施するのが正解でしょう。

レビュー依頼の粒度

次に決めるべきことは、プルリクエストの粒度です。頻繁にプルリクエストを送ると、その都度レビューを実施することになり、エンジニアが本来行うべき業務が滞ってしまうことになりかねません。頻繁に割り込みが入り、作業効率も低下してしまいます。

逆に大きな粒度でプルリクエストすると、レビュー頻度は下がりますが、レビューすべきコード量が膨れあがり、レビューに要する時間が増え、修正すべき箇所を見落としてしまう要因にもなります。

チームの人数やエンジニア個々のスキルレベルなど、さまざまな要因が関わるため、一概にどの程度の粒度がベストなのか断言できませんが、最初は1日1回程度のペースで実施すると良いでしょう。

具体的には1日で実装できる程度まで、機能を分割するなどの工夫が必要になります。しかし、実際には1日1回では長すぎる場合もあります。そのため、レビュー依頼の頻度はチーム内で議論する必要があります。

なお、レビューを依頼する場合、どのような修正を加えたか、何が正しい動作なのか、重点的にレビューして欲しいポイントなどを、レビュー依頼時に追記することで、レビュワーの負荷を軽減することもできます。もちろん、追加メモが長すぎると負荷になるため、簡潔に記述しましょう。

レビュー対象はあくまでもソースコード

コードレビューの対象はソースコードを記述したエンジニアではなく、あくまでソースコードであることを、チーム全体に徹底しておく必要があります。

属人的なコードの癖が抜けるまでは、指摘で自分を否定されていると思いがちです。コードの癖を直すことは容易ではありませんが、レビューを繰り返すことで、徐々に自分の癖

が認識できるので、指摘されたコードを淡々と修正するように心掛けましょう。また、レビュー側も攻撃的な指摘にならないように注意すべきです。

なお、コードレビューがチームの習慣になると、当初は神経質なまでに配慮していたレビューも、単刀直入に指摘する簡潔な言葉になりがちです。メンバーの変動がなければ問題ありませんが、途中参加のメンバーがいる場合は、攻撃的な指摘と受け止められかねないので注意しましょう。

LGTM（Looks good to me）

コードレビューで指摘箇所がなくなり、マージしても大丈夫と判断したら、LGTM（Looks good to me の略）をしましょう。

単に「問題ありません」や「良いと思います」とだけ返すのは味気ないものです。画像を貼ってレビュー依頼者の労をねぎらったり、チームの雰囲気を盛り上げるのに効果的です。

LGTM用の画像を用意したり、自動生成するWebサービスもありますので、うまく使っていきましょう。

決して諦めない！

コードレビューは慣れるまでは、指摘から修正を何度も繰り返すため、相応の時間を要し、さらにレビューする側もされる側も精神的に負担が掛かります。

全体的にコードを生産速度も低下し、業務に遅れが生じて、コードレビューは辞めよう！と考え始めるかもしれません。しかし、諦めずに続けることが重要です。

コードレビューを繰り返すことで、徐々に指摘されないコードになり、指摘箇所は減ります。諦めずにコードレビューを続けるコツは、レビュー対象の範囲を絞ることです。

最初から全体をレビューするのは負荷が掛かりすぎます。当初の数週間は、コーディング規約通りのコードであるかを重点的にレビュー、次に規約通りのコードが書けるようになったら、次の段階はロジックもレビュー対象に、さらに次はユニットテスト部分も対象にするなど、徐々にレビュー対象を広げます。

最終的には、コードレビューが当然となり、かつ時間もさほど要しなくなるはずです。

褒めるべきところは褒める！

　チーム全体の雰囲気作りと、やる気を向上させるため、コードレビューは指摘だけに留まらず、効率のよい処理や見事なコード記述など、褒めるべきところは必ず褒めましょう。

　見事なコードや処理の記述は、積極的に取り入れ、お互いのスキルアップを図りましょう。なお、前図でコードレビューで褒める際の参考コメントを図示しています（図5-3）。

図5-3　褒めたときのコメント例

テストの必要性

　成果物を作成する上でテストは欠かすことはできません。ユニットテストと呼ばれる単体テスト、すべてのモジュールやシステムを結合し、最終的に想定した動作を網羅的にチェックする結合テストなど、ソフトウェアテストにはさまざまな手法が存在します。

　しかし、精通したメンバーがいるケースを除き、実践でいきなりさまざまなテスト手法を試すことは困難です。

　本節では可能な限り簡便な方法で、最低限のテストを実施するまでを解説します。ただし、簡単なテスト手法のみの説明であるため、バグのない成果物の保証はできません。より精度を高めるには、本格的に取り組む必要があります。チームのレベル向上を認識したら、導入を検討してみましょう。

ユニットテストの必要性

　テストで最初に思い浮かべるのは、ユニットテスト(もしくは単体テスト)です。メソッドや関数など小単位でのテストで、必然的に数が多くなるため、同時に面倒と考えがちです。

　確かに粒度の考慮やテストコードの実装に時間を要するため、当然コストが掛かります。テストコードがなくとも成果物は作成でき、手動での最終テストでバグを潰すことで、最低限の品質を保つことは可能かもしれません。

　そもそもテストコードは必須なのか、本項では、ユニットテストの必要性を解説します。

テストコードのコスト

　テストコードは実装開始前に書くべきと考えるのが、テスト駆動開発です。簡潔に説明すると、まず実装したい処理のテストコードを書き、そのテストを通過する処理を実装し、テストを通ったところで無駄な処理を修正することで、最終的に正確なテストコードと実装が完成するという考え方です。

　しかし、テスト駆動開発の考え方を理解し

ても、テストコードを書く時間が確保できず、実装を先行してしまい、テストコードは後追いで用意するケースが大半でしょう。

テストコードを書く習慣がなければ、テストコードには実装に要する時間と同等かそれ以上の時間を要してしまいます。テストコードを頑張ることで実装が遅れがちになり、結果的にはテストコードを書かなくなるケースが発生します。そうならないためにも、テストコードに不慣れなチームでは、工数を見積もる際に、少なくとも2倍以上の工数を確保する必要があります。

しかし、現実問題として、2倍の工数見積もりは、テストコードの必要性を理解できないと、無駄なコストと解釈されるため、工数削減の矢面に立たざるを得ません。テストコードの必要性を訴えて、少しでもテストコードのために工数を確保して、最初は可能な範囲で始めることが重要です。

明確な仕様

実装を先行すると、処理の流れを頭の中で思い描きながら実装することになります。確定させた仕様が曖昧になり、それに伴って処理を変更した経験は誰しもあるはずです。

こうしたコードは、密結合や複雑なロジックや処理の肥大化を招きがちです。

テストコードを先行することは、処理を予め設計して仕様を明確にすることと同義で、テストを通すために実装するため、余計な処理が入り込む余地がなくなります。

もちろん、実装中にテストコードを変更するケースもありますが、時間のロスに繋がり、明確な仕様ではないことを意味するため、まずはじっくりと処理の流れを考え、テストコードに落とし込むべきです。

また、実装からスタートして、何度も手戻りで処理を変える実装となると、最終的な工数が膨れあがる可能性もあると覚えておきましょう。

最終的には、テストコード自体が処理の仕様書およびサンプルコードと同等であることに気付くはずです。他人が実装した処理を使用する場合、テストコードがあれば、どのように処理されて結果がどうなるか、容易に把握できることになります。

処理を細かく分割して実装

　実装する処理が複雑で大規模な場合は、当然テストコード自体も複雑になり、テストコードのデバッグが必要という本末転倒な事態を招きます。

　まずは実装する処理を細かく分割する考えが必要になります。処理を細かく分割すれば、テストコードも書きやすく分かりやすいものになります。また、分割することで各処理が簡潔になり、バグが混入する割合も各段に減るはずです。

　万が一、政治的な事情などでテストコードを実装後に書かざるを得ないケースも考慮して、せめてバグの混入を防ぎテストコードが書きやすいように、処理を細かく分割する習慣を身に付けておきましょう。

　テストコードは、メソッド内で呼ばれる他のメソッドの影響も受けます。また、データベースに接続し取得データを処理するメソッド(図5-4)では、スタブのデータや呼び出している外部メソッドの一部をスタブメソッドに差し替える必要もあります(図5-5)。

　この通り、差し替え可能な構成にすることで、メソッドごとに処理の責任が明確になり、柔軟でテストが容易になります。もちろん、すべてのメソッドをこの通りに実装するのは現実的ではありませんが、テストの容易さを考慮して調整することになります。

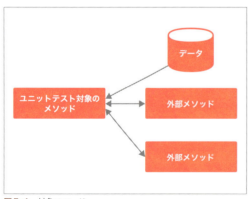

図5-4　対象メソッド

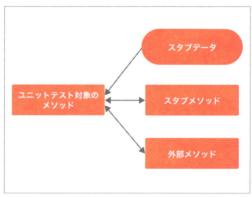

図5-5　テストする際のイメージ

変更が容易

　テストコードが用意された処理は、変更にも強くなります。例えば、リファクタリングを行うと仮定します。テストコードがあれば処理内容が変更されても、最終的な結果が同じであればテストはクリアできます。

　テストコードがなかった場合、まず処理を把握する必要があります。同等の結果を出力するように処理を書き直すのは、バグを埋め込むリスクが存在することになります。

テストのデメリット

　本節ではユニットテストの有効性を説明しましたが、良いことばかりではありません。デメリットも把握した上で、テストを導入しましょう。大きなデメリットとしては、下記に挙げる3点が存在します。

　1番目と2番目は慣れるに従って、大きなデメリットではなくなります。3番目はユニットテストの守備範囲の問題で、厳密にはデメリットではありません。

　いずれのデメリットと比較しても、テストで得られるメリットが遙かに大きいため、まずは少しだけでも始めることをおすすめします。

1. 習得まで時間がかかる。
2. 工数というコストがかかる。
3. あくまでユニット毎のテストである。（=結合時の動作を保証するテストではない）

テストを実施しない選択肢

　ユニットテストは確かに重要ですが、時にはテストを書かない選択肢もあります。

　例えば、新規プロダクトでαテストやフィジビリティスタディなどと呼ばれる、ユーザーの反応をみる試験運用をすぐにでも実施してデータを取りたいケースです。

　ユニットテストに慣れていても実装には相応の時間が掛かります。すぐに実装し直せる

分量であることと、時間を優先するためにテストを省いて構わないと考えられます。

もし、ユーザーの反応が良好で本格的にサービスインする場合は、試験運用のコードは破棄して、ユニットテストを含めてゼロから作り直すか、もしくはテストを考慮して実装していたのであれば、ユニットテストのコードを書き、新規機能を追加していきましょう。もちろん、後者のユニットテストを考慮した実装であることが望ましいです。

スマートフォンアプリケーションの世界では頻出することであり、例えば、iOSでは1年に一度メジャーバージョンアップが発生します。新たに搭載された新機能を利用したアプリケーションを作成し、新版のOSのリリース日にアプリケーションのリリースを合わせるには、時間との闘いになります。

新機能の調査に時間が取られ、実装の時間はどんどん削られていきます。そのため、テストを書く余裕がなくなり、ユニットテストは後回しになるケースがほとんどです。

時間がないから、ユニットテストを書かなくてもいいわけでは決してありません。時間を最優先すべきケースも存在しますが、あくまでもケースバイケースです。可能であれば常にユニットテストを用意するように心掛けましょう。

Column：不具合の伝え方

　Webアプリケーションでもスマートフォンアプリケーションでも、人間が作るもの故に不具合は必ず存在します。残念なことに、どんなにユニットテストを実施し、テストケースに沿ってテストしても、現実的には何かしらの不具合（バグ）が残ってしまうのです。もちろん、システム運営に影響する大きな不具合は、ほぼユニットテストやテストケースによる検証で防ぐことができるでしょう。

　しかし、1人のユーザーとして利用中に、不具合を見つけてしまった場合は、チームに不具合を伝えましょう。不具合の影響度次第ですが、早く修正したい気持ちはチーム、とりわけエンジニアは強く思っていることでしょう。

　不具合の報告は、その伝え方次第で修正時間が大きく変わると考えたことはあるでしょうか。例えば、「不具合があります。早く修正してください」とだけ報告されたことは、エンジニアであれば一度や二度ではないはずです。

　こんな報告では、どんな状況で起きる不具合なのか、そもそも不具合がどんなものなのかも分かりません。最低でも、「どんな操作をしたか」「どのような現象になるのか」「再現性はあるか」などを伝えましょう。これで不具合が発生する特定の条件を探すことが容易になります。

　しかし、不具合によっては再現性がないものも少なくありません。この場合は再現性がないことは告げ、ユーザーのデータに起因する不具合の可能性もあるので、時間があれば、いろいろと試して再現方法を見つけるなど、協力してください。不具合は伝え方や協力の仕方で、解消に要する時間が大きく変わってくることを覚えておいてください。

ユニットテストとカバレッジ

ユニットテストとセットで使われる用語に、「カバレッジ」があります。実装に対してテストコードがカバーする割合を示します。

カバレッジには複数の指標があり、いずれも100%が理想ですが、100%への到達には時間もコストも掛かるため、妥協も必要になります。また、仮にカバレッジ100%でもバグがないとは断言できません。

成果物のタイプによるため、一概にはいえませんが、概ね60%〜80%のカバレッジが及第点と考えられます。もちろん、テストすべき箇所にテストコードを用意せず、テストの必要性が低い箇所でカバレッジを上げた場合は、この限りではありません。

テストコードの習慣化

テストのカバレッジが60%に満たなかったり、テストコードを書く習慣が身に付かないエンジニアは多いはずです。

全メソッドに対してテストを書こうと強く決意して、プロジェクトをスタートしても、スケジュールが迫り時間不足を理由に、徐々にテストコードを書かなくなってしまうものです。

または、頭の中では処理が完成しているので、実装したくてうずうずして、最終的にテストコードを書かずに実装を進めてしまうパターンもあるでしょう。

いずれにせよ、テストは重要で、将来にわたりコードを継続させるには必要なものですが、まずはテストコードを書くことを習慣にすることが必要です。

実はテストコードは奥深く、さまざまな考え方や手法があり、最初からすべてを試すことは控え、できることから実行していきましょう。

粒度の考慮

基本的にモデルクラスと呼ばれるビジネスロジックがある処理は、すべてテストすることが望ましいです。

まずはクラスのpublicメソッドで重要な処理を実行している部分から始めます。privateメソッドでも、処理内容をコメントでは説明し

辛く、コードであれば伝えやすい場合もテストコードを用意しましょう。

また、テストを容易にするため、メソッドの大きさや処理内容は簡潔に分割することを心掛けましょう。

カバレッジの目安

　ユニットテストのカバレッジを上げても、バグがなくなるわけではありません。
　ユニットテストは細かいロジックのテストであるため、組み合わせた際に正しい動作をする保証はできません。それは、機能テストや結合テストの役割です。
　ユニットテストに不慣れなチームでは、特にカバレッジを気にする必要はありません。カバレッジを重視しすぎて、テストコードに時間を費やすと全体のスケジュールが遅延する悪循環が生まれかねません。

　ユニットテストが習慣化するまでは、少しずつ可能な範囲でテストコードを書いていきましょう。もちろん、テストコードに慣れたらカバレッジを意識する必要があります。

メンテナンスコスト

　テストコードを用意すると、将来的にメンテナンスするコストが発生します。
　結合していく上で、個々のメソッドに対し実装の変更が発生するケースがありますが、その場合は常にテストコードから変更して、実装に続いてテストが通ることを確認するプロセスが発生します。
　しかし、実装後にテストコードを変更すればいいと考え、実装を先行して後回しにすると、テストが通らないコードが発生してしまいます。こんなケースが積み上がると、最終的にテストコードを書くこと自体を辞めてしまいがちです。メンテナンスコストも考慮して、こちらも習慣化する必要があります。

　また、テストは手動で実行するのではなく、自動で実行することで、テストの失敗がすぐに分かり、テストコードを含め実装もチェックできます。なお、自動化に関しては、「Chapter 6 自動化とリリース」で説明します（P.174）。

テストケースの策定

　ユニットテストは内部的なロジックをテストしますが、すべての機能を結合して最終的なテストは人力で実行します。
　しかし、闇雲にただ操作しているだけでは、すべての機能を試せないため、致命的なバグを見逃してしまう結果になりかねません。
　最終的なテストを実施するには、テストケースを作成して、すべての機能を網羅的に実行することが必要です。

テストケースの役割

　テストケースとは、結合テストのために、全機能と異常系の操作方法を記したものです。
　テストケースの役割は、結合したシステムで正常に機能が動作することを確認するためであると同時に、例えば、正常系以外の操作で、きちんとエラーとなるかを確認します。
　また、ユーザーが操作するシナリオを作成する場合もありますが、最終的にはすべての機能と異常系を網羅することが重要です。

　テストケースによるテストは、初めて操作する人でも分かりやすく、また、簡単に結果を判断できる形で書くことで、誰でもテストを実行できるようにします。

テストケースに必要な情報

　テストケースに最も必要な情報は、詳細な操作手順と期待される結果です。操作手順は文字通り、操作を行う手順を記述しますが、操作手順では、1項目に多くの情報を詰め込み過ぎてはいけません。また、大雑把でもテストの意味がありません。

　本項では次ページの仕様に基づく、簡単なアンケートフォーム画面のテストを想定します。「満足度」（選択肢）、「自由項目」（自由文のテキスト入力）、「メールアドレス」、「年齢」を尋ねて、［登録］ボタンを押して登録してもらうアンケートです。

> **簡単な仕様**
> - 満足度
>   - "選択してください", "満足", "普通", "ダメ" の4項目。
>   - "選択してください"で登録しようとした場合、コンボボックスの下に"未選択です。"を赤文字で表示。
> - 自由項目
>   - テキスト入力(禁止文字はなし)
>   - 1024文字まで
>   - 未入力でフォーカスが移動した場合、テキストボックスの下に"入力してください。"を赤文字で表示。
> - メールアドレス
>   - 全角文字以外は許可。
>   - 未入力を許可する。
> - 年齢
>   - 数字のみ。
>   - 未入力を許可する。
> - 登録ボタン
>   - 全項目のバリデーションを行い、エラーがなければ"確認画面"へ遷移。
>   - エラーの内容は各項目に記載した通り。

上記の仕様では、どのような操作と結果を用意すればよいでしょうか。最初に大雑把過ぎてテストの意味をなさないケースを挙げましょう。

No.	操作手順	期待される結果
1	フォームに入力して登録ボタンを押下する	確認画面に進む

上記のテストケースでは、テストを実行するにも何を入力すればよいのか分かりません。また、入力した結果が正しいのかも分かりません。また、入力内容によってはエラーになる可能性もあります。続いて、仕様を踏まえて、テストケースを作成しましょう。

No.	対象項目	操作手順	期待される結果
1	満足度	普通 を選択	正常に選択できる
2	自由項目	アンケート と入力	正常に入力できる
3	メールアドレス	example@example.com と入力	正常に入力できる
4	年齢	35 と入力	正常に入力できる
5	登録	押下	エラーが表示されず、確認画面に遷移する

　上記は全項目を入力したケースです。もちろん、これだけでは仕様をすべて満たしているわけではありません。

　異常系のテストケースも必要です。また、未入力で構わない項目がきちんと処理されるかも確認する必要があります。

　この例では、入力や選択が4項目のみのため、全パターンを列挙してもそれほど多くはありませんが、10項目以上の場合は相応のケースを用意する必要がでてきます。

　また、入力データを確認する画面も想定されます。そのため、入力画面だけでなく、確認画面も連動してケースを用意する必要があります。上記ケースの続きを用意しましょう。

確認画面

No.	対象項目	操作手順	期待される結果
6	満足度		普通 と表示されている
7	自由項目		アンケート と表示されている
8	メールアドレス		example@example.com と表示されている
9	年齢		35才 と表示されている
10	登録	押下	登録完了画面に遷移する

　確認画面の仕様は記載されていませんが、確認画面には当然［訂正］ボタンがあることも想定されます。［訂正］ボタンで入力画面に戻ったときの動作なども当然、ケースに含める必要が出てきます。実際には登録された結果は管理画面など、別の画面でデータの反映を確認するテストケースも必要になります。

　この通り、全項目を入力した場合のケースだけでもこの数になります。すべてのパターンを用意すると膨大な量になります。

テストケースを記述する立場では、暗黙の了解である部分は記述せず、ケースを簡略化したいところです。

しかし、テストケースによるテストは誰でも実施できるべきです。もちろん、誰でもテストを実施できるようにするには、量が多くとも書かれている順番通りにすべて操作するだけでよいテストである必要があります。労力を要しますが、すべてのケースを書きましょう。

また、実装後にはテストケースに沿ってテストし、仕様通りに動作することを確認しましょう。意外と実装漏れや仕様通りではないことに気付くことがあります。

テストケースは仕様書

テストケースを用意していると、詳細な画面仕様書になることに気付くはずです。それはすべての入力や動作のパターンを網羅しているためです。

仕様書になることは、エンジニアが実装開始前に、テストケースの作成が可能であることを意味します。

例えば、チーム内で仕様がうまく共有できないケースも多々あり、個々の解釈の違いで本来の仕様とは異なる実装になる場合もあります。こうした手戻りを防ぐ意味でも、テストケースは結合テストぎりぎりのタイミングで用意するのではなく、実装前に書くべきです。

特にフロントエンドの実装では、テストケースを作成して、その後に実装する流れを徹底すると、テストケースを書く段階で、詳細部分も明確になり、バックエンドとのやり取りやデータの不足など、実装周りの問題点も発見できます。

もちろん、実装中に仕様が変更される場合もあります。その場合は仕様変更時にテストケースも忘れずに更新する必要があります。

バグ修正後は再度テストを実施

テスト実施で期待通りの結果にならなかった場合は、それ以降のテストケースは実行せず、仕様の問題かバグかをチームで判断し、バグであればコードを修正します。

コード修正後は、修正箇所ではなく先頭のテストケースからテストをやり直します。バグ修正で他の箇所のバグが発生しないとは限らないためです。

結合前にエンジニアが各自テストケースでテストを実行する必要があるのは、ここでの手戻りを防ぐためでもあります。

コーディング規約（例）

ポリシー

- Swift API Design Guidelines[*1] をベースに本規約は作成する。
- 原則この規約を徹底し、コードレビューで相互にチェックする。
- コードの書き方を統一することで、以下の目的を達成する。
- コードを読みやすくする。
- 内容の理解に集中できるようにする。
- 保守性をあげる。
- プログラミング言語の機能を十分に使用する。
- すべての処理は用途を明確にする。
- Swiftは短いコードで記述できるが、不必要に短く記述して可読性を低下させることは避ける。
- クラス、構造体、メソッドなど、定義にはドキュメンテーションコメントを用意する。

環境

- Swift 3.0以降

モジュール構成

■ Xcode上でのファイル配置

- Xcode上でのグループ配置について記す。
- 下記に該当しないものは別途協議してルールを追加する。

グループ	格納ファイル	備考
/Extensions	extension	
/Models	モデル	どのControllerにも属さないもの
/Controllers	コントローラ	
/ViewControllers	ビューコントローラ	
/Storyboards	ストーリーボード	Storybordファイル
/View	汎用的なView	
/Resources	リソースファイル	
/Resources/Plist	Plistファイル	

■ ファイル名

- ファイルはグループ名と同名のディレクトリに格納する。
- ファイルはクラス名・構造体名など、内容と同じ名称とする。
- 例：クラス名が MovieListViewController の場合、MovieListViewController.swift
- 原則的に1ファイル1機能（クラス・構造体など）とする。

[*1] https://swift.org/documentation/api-design-guidelines/

命名規則

■ 基本

- 日本語はコメントのみ使用可能とし、変数名やクラス名などには使用を禁止する。
- キャメルケースを使用する。

	記述方法	例
class	upper	BookImage
protocol	upper	BookImageProtocol
struct, enum	upper	struct Book {
var, let	lower	imageView
static	lower	static let maxImageCount
func	lower	func refreshImage()
class func	lower	class func instance()
enum case	lower	enum Image { case high }

■ 明確な使い方を示す

あいまいさを避ける

- コレクション内の特定の位置にある要素を削除するメソッドの場合、remove(at:) とすることで、特定の位置を指定することが明確になる。

```
list.remove(at: x)     // 要素の位置xを指定
list.remove(x)         // x自体をlistから削除
```

明確なラベルは省略する

- 既に持っている情報と重複しているものは省略する。

```
// 悪い例
views.remove(view: titleLabel)

// 良い例
views.remove(titleLabel)
```

型ではなく役割で示す

- 変数、パラメータ、associated typesは、型ではなく役割を使って名前付けをする。

```
// 悪い例
var string = "Hello"
associatedtype ViewType : View
func restock(from widgetFactory: WidgetFactory)

// 良い例
var greeting = "Hello"
associatedtype ContentView : View
func restock(from supplier: WidgetFactory)
```

パラメータの弱い型情報を補正
- NSObject、Any、AnyObjectが引数の場合に、どのような値を渡すか分かりづらいため、ヒントとなる情報を付与する。

```
// 悪い例
func add(_ observer: NSObject, for keyPath: String)
grid.add(self, for: graphics)

// 良い例
func addObserver(_ observer: NSObject, forKeyPath path: String)
grid.addObserver(self, forKeyPath: graphics)
```

■ 流暢な表現を目指す

英語のフレーズを意識する
- ラベルを含むメソッド名や関数名は、英語のフレーズを意識して命名することで分かりやすくする。

```
// 悪い例
x.insert(y, position: z)
x.subViews(color: y)
x.nounCapitalize()

// 良い例
x.insert(y, at: z)
x.subViews(havingColor: y)
x.capitalizingNouns()
```

- 2つ以降のラベルは意味を表すようにしてよい。

```
AudioUnit.instantiate (with: description, options: [.inProcess],
    completionHandler: stopProgressBar)
```

ファクトリメソッド名には make をつける

```
factory.makeList()
```

イニシャライザー、ファクトリーメソッドのラベル
イニシャライザーとファクトリーメソッドの最初のラベルは説明を省いてシンプルにする。

```
// 悪い例
let foreground = Color(havingRGBValuesRed: 32, green: 64, andBlue: 128)
let newPart = factory.makeWidget(havingGearCount: 42, andSpindleCount: 14)

// 良い例
let foreground = Color(red: 32, green: 64, blue: 128)
let newPart = factory.makeWidget(gears: 42, spindles: 14)
```

副作用に応じた名称

- 変更が生じないメソッド名は名詞で表現する。

```
x.distance(to: y)
i.successor()
```

- 変更が生じるメソッド名は命令形の動詞で表現する。

```
print(x)
x.sort()
x.append(y)
```

- 変更が生じるメソッドと対になる、変更が生じないメソッド。
・自身の変更はせず、変更を反映した新しいインスタンスを戻り値として返すメソッドは、過去分詞(〜ed)もしくは現在分詞(〜ing)をつける。

```
let z = x.sorted()
let z = x.appending(y)
```

・名詞の表現が自然な場合には、自身を変更するメソッドは名詞、変更を返すメソッドはform+名詞にする。
- 自身が変更される(Mutating)

```
y.formUnion(z)
```

- 変更値を返す(Nomutating)

```
x = y.union(z)
```

- それが何かを表すプロトコルは名詞にする

```
Collection
```

- なのができるを表すプロトコルは able、ible、ingを接尾辞とする。

```
Equatable
ProgressReporting
```

- 真偽値を表す場合には、状態を表すようにする。

```
movieList.isEmpty
movie.canPlay
view.isHidden
```

- その他の型やプロパティ、変数、定数は名詞にする。

```
class Book {}
var movie: Movie?
```

専門用語の利用で注意すべきこと
- 一部でしか使われない、知られていない用語は避け、一般的な用語を使用する。
- 専門用語よりも確立された用語を使う。ただし、明らかに専門用語の意味が明確な場合はその限りではない。
- 辞書に掲載されていない省略形は使用しない。
- 先例を受け入れる。
- 配列など連続したデータ構造は、ListよりArrayの方がプログラマにとって身近である。
- sin(x)関数は、既に長い間にわたり使われている。sineとは書かない。

■慣習

一般的な慣習
- 複雑な処理が走るcomputed propertyでは、オーダーや計算量などをコメントとして記載する。
- フリー関数は作成せず、通常はメソッドやプロパティを使う。
- 型やプロトコルはUpperCamelCase、それ以外はlowerCamelCaseを使う。
- 用途が同じメソッドは同じ名前を使い、引数を変える方法を使う。
- 処理の意味が違うメソッドは同じ名前にしない。
- 戻り値の型だけが異なるオーバーロードは作成しない。

引数
- 引数自身がドキュメントになるように命名する。
- 引数の違うメソッドを多数作るのではなく、デフォルト引数を活用する。

引数ラベル
- 引数の区分自体に意味が薄い場合、ラベルを省略する。
- 型を変換するようなイニシャライザの場合、ラベルを省略する。

```
Int64(someUInt32)
```

- 最初の引数が前置詞句の意味を持つ場合、ラベルを用意する。
- 最初の引数が文法的な意味を持つ場合、ラベルを省略し、メソッド名に説明をつける。

```
view.addSubview(button)
```

- 最初の引数が文法的なフレーズではない場合、ラベルを用意する。

```
view.dismiss(animated: false)
```

- 上記に該当しない場合は、適切なラベルを用意する。

■その他
- クロージャの引数とタプルのメンバーにラベルを用意する。

コーディングスタイル

■ インデント
- インデントは、TAB文字を使わず、スペース4文字とする。
- Xcodeのメニューで、[Preferences]→[Text Editing]→[Indentation]の[Prefer indent using]を[Spaces]に設定することで、自動的にスペースに置き換えられる。

■ コメントの記載
- コメントはすべてのメソッド、関数に対して記載する。
- フォーマットはApple標準とする。

```
/**
 サンプル

 - parameter param1: パラメータ詳細
 - parameter param2: パラメータ詳細

 - throws: エラー詳細

 - returns: 戻り値詳細
 */
func sample(param1: Int, param2: String) throws -> Bool {
```

■ 記述スタイル

MARK:を活用する
- class、struct、enum、protocol、extensionの先頭にMARK: - 説明をいれる。

```
// MARK: - Book
final class Book {
}
```

型の表記
- 型推論を活かすように記述する。

```
// 悪い例
var title: String = "Hello!"

// 良い例
var title = "Hello!"
```

"{"の位置
- { は単独行に配置せず、メソッド名（関数名など）の後ろに空白を挿入し、続けて配置する。

```
// 悪い例
func bad()
{
}
```

```
// 良い例
func bad() {
}
```

":" の位置
- : の前に空白は挿入せず、後ろに空白を挿入する。

```
// 悪い例
case .Success :

// 良い例
case .Success:
```

配列宣言
- 配列宣言は、型の宣言は行わず、初期化する。

```
// 推奨しない
var array: [Int] = []

// 推奨
var array = [Int]()
```

else の扱い
- else は極力使用しない。

else が省略可能な場合は、極力省く。

```
// 推奨しない
func setup() {
    if isOpen {
        // open
        setupOpen()
    }
    else {
        // close
        setupClose()
    }
}

// 推奨
func setup() {
    if isOpen {
        // open
        setupOpen()
        return
    }
    // close
    setupClose()
}
```

ネストを浅くする
・早期のreturnによりネストを浅くする。

早期にreturnすることで無駄なネストを減らす。

```
// 悪い例
func setup() {
    if isOpen {
        // open
        setupOpen()
    }
}

// 良い例
func setup() {
    if !isOpen {
        return
    }
    // open
    setupOpen()
}
```

final classの推奨
・継承されないクラスにはfinalを付ける。

継承して欲しくないクラスや、継承される予定のないクラスは、final を付ける。

```
// 継承されるクラス
class Sample1 {
}

// 継承されないクラス
final class Sample2 {
}
```

定数の推奨
・変更しない値を扱う際には定数を使う。

ローカル変数などで、一度値を設定したら二度と変更しない変数は定数として宣言する。

```
// 悪い例
var height = 10

// 良い例
let height = 10
```

アクセスコントロール
・外部に公開しないインターフェイスはfileprivateにするなど、きちんとアクセスコントロールを設定する。

```
// クラスをprivate化
private class Sample1 {
}
```

```swift
// メソッドや変数をprivate
class Sample2 {
    private var volume = 0
    private func increment() {
        volume += 1
    }
}
```

Swiftのクラスを使う
- StringやIntなど、Swiftで用意されている命令を利用する。
- NSStringなど特有の機能を使用したい場合は適宜キャストする。

```swift
// 推奨しない
var title = NSString(string: "hello!")

// 推奨する
var title = "hello!"
```

オプショナルの扱い
- アンラップする場合は、強制アンラップは使用せず、guard letやif letでアンラップする。

```swift
var title: String?
title = "hello"

// 推奨しない
let unwrappedTitle = title!

// 推奨する
if let unwrappedTitle = title {
```

- Implicitly Unwrapped Optional型は極力使用しない。

```swift
// 推奨しない
var title: String!

// 推奨する
var title: String?
```

selfの記述
- 必要がないselfは記載しない。

```swift
// 推奨しない
self.open()
self.isHidden = true

// 推奨する
open()
isHidden = true
```

構造体を使用する

- クラスではなく構造体で処理できるものは、極力構造体を使用する。

```
// 推奨しない
final class Book {
}

// 推奨する
struct Book {
}
```

■ 桁数・行

- 1行は最大100桁以内を目安とする。
- 1メソッドあたりの行数は100行以内を目安とする。
- 1クラスあたりの行数は1,000行以内を目安とする。
- 1クラス、1ファイルを原則とする。

禁止事項

- gotoの使用は禁止。
- ハンガリアン記法は使用しない。
- 4段以上のネストは禁止。
- マジックナンバーの禁止。
- DRY(Don't repeat yourself)を意識して、安易にコードのコピー&ペーストはしてはならない。
- メソッド名などでローマ字表記は使用してはならない。

改訂履歴

バージョン	変更日	内容
1.0.0	2016/06/10	初版

Chapter 6

自動化とリリース

ビルドの実行やテストによる確認、テスト環境や最終的に本番環境へデプロイする行為には、手間も時間も掛かりますが必須の工程です。また、リリースには事前の準備が必要で、サービスイン後もプロモーションでの集客や改善を含む運用を行うことが重要です。本章では、これら一連の流れをツールを活用して自動化することで、メンバーが開発に専念できる環境を用意し、サービスのリリースにあたり、チームメンバーがそれぞれが何をすべきか、サービスを成長させながら運用していく術を解説します。

6-1 継続的インテグレーションとデリバリー
6-2 自動化ツールの紹介
6-3 リリースの準備
6-4 プロモーション
6-5 リリース後の運用

6-1 継続的インテグレーションとデリバリー

　継続的インテグレーションとは、自動ビルドやコードがマージされたタイミングでテストを実行し、問題を早期に発見することで、コード上の問題やマージミスなどの手戻りを防ぎ、品質の安定化や開発の効率化を図る手法です。また、継続的デリバリーはその名の通り、継続して配信することを指します。

　本項では、継続的インテグレーションと継続的デリバリーの自動化方法を解説します。
　ちなみに、継続的インテグレーション（Continuous Integration＝CI）と継続的デリバリー（Continuous Delivery＝CD）を合わせた上で、単に「継続的インテグレーション」（CI）と呼ばれる場合も多くあります。

継続的インテグレーションの目的

　継続的インテグレーション導入の最終的な目的は、すべてのテストを通過したビルド可能なコードを常時手にすることができる環境を作ることです。
　アジャイルやウォーターフォールなどの開発技法に関係なく、必要に応じて、少なくともユニットテストを通過した安全なコードを、いつ何時でも提供できる利点があります。

　また、エンジニア視点では、複数メンバーでの開発であっても、必ずビルド可能なコードが存在する安心感があり、手違いでテストを通過しないコードをバージョン管理システムにコミットしても、継続的インテグレーションを実施していれば、テストがエラーになったことが分かるため、すぐに修正して手戻りを最小限にできます。

継続的デリバリーとは？

　継続的デリバリーとは、継続的インテグレーションで、ビルドエラーやテストエラーがないと保証されたコードを、テスト環境やステージング環境など、必要な環境に継続して配信する方法です。継続的インテグレーションとセットで運用することが一般的です。

継続する意義

　継続的インテグレーションと継続的デリバリーでは、継続することに意義があり、いずれも同じことを繰り返すため、ツールによる運用と相性が良く、通常は自動化ツールを利用して、メンバーの手を介さずに実行することが一般的です。

　仮に自動化ツールを導入せず、メンバーがコードのマージのたびに、手動でインテグレーションするフローを採択した場合、最初の数回は頑張って実行するでしょう。

　しかし、インテグレーションには非常に手間が掛かるため、次第に実行しなくなるかもしれません。最終的には、リリース直前にマージおよびテストやビルドを実行した結果、数多くのエラーが判明して、大きな手戻りが発生することも起こり得ます。

　常に継続して実行していれば、エラーが発生した時点ですぐに修正に取り掛かれて、その修正も軽微なものに収まるはずです。

　また、マージのタイミングで実行するため、仮にテストがエラーになっても、最後のコードを書いたエンジニアが修正することになり、責任も明確になります。

継続的インテグレーションとデリバリーのメリット

　継続的インテグレーションと継続的デリバリーを実行することは、常にいずれかの環境にその時点での最新版が配信されることで、さまざまな利点が生まれます。

　適切なテストコードを用意していれば、継続的インテグレーションを実行することで、コードを一定の品質に保つことが可能です。また仮にテストコードが無くとも、最新のビルド可能なコードが取り出せるというメリットがあります。

　継続的デリバリーでは、面倒なデプロイ作業をツールによって自動化することで、作業負荷を軽減できます。

　受託開発の場合では、発注側との仕様確認など、定期的もしくは不定期にその時点での最新システムの確認やデモンストレーションの機会があります。そうした場合でも、システムのデモンストレーションが常に可能です。

　また、プロジェクトマネージャーなど管理側は、どの程度の実装が進んでいるのか、仕様通りに動作するかをいつでも確認できます。

　管理側のみならず、デザイナーがデザインの反映を確認することも容易なので、チーム開発では大きな利点となります。

6-2 自動化ツールの紹介

　継続的インテグレーションと継続的デリバリーを行うツールは数多く存在します。

　オンプレミス（自社サーバなどに導入）で動作するものから、ホスティングのみのサービス、ビルド可能な開発言語の違いなど、それぞれ特徴がありますが、本項では、オンプレミスで使用できる「Jenkins」について解説します。

Jenkinsの特徴

　「Jenkins」は改名前のプロジェクトを含むと10年の歴史をもち、Javaで動く代表的な継続的インテグレーションツールです。

　数多くのプラグインが存在し、プラグインの組み合わせでほとんどの動作を実行することが可能です。また、プラグインを使わずとも、シェルスクリプトも実行できるため、プラグインだけでは実行できない細かい独自の処理も可能です。

　継続的インテグレーションツールとしてではなく、さまざまな条件で処理を起動できるため、強力かつ手軽な「cron」としても使用できるのが特徴です。また、2016年4月にメジャーバージョンアップで2.0となり、パイプライン機能が実装されています。

　長い年月を重ねて進化してきたツールである故、最近のツールとしては、少々搭載機能や項目が煩雑な印象がありますが、バージョン2のパイプライン機能などを中心に徐々に慣れてくるでしょう。

　本項では、最新のmacOSにJenkinsをインストールし、汎用的にビルドできる環境の構築をおこない、シェルスクリプトを用いる方法で、iOSアプリケーションのビルドとiTunes Connectへipaを送信するまでを解説します。

　また、LinuxやDockerでのJenkinsのインストール情報はWebに数多く公開されているため、本項では特に触れません。本項で解説する設定が唯一ではなく、Xcodeプラグインを使用する設定方法もあるので、扱いやすい方法で設定してください。また、Jenkins 2の機能を生かしたい場合には、パイプライン機能を使用する方法もあります。

　なお、本項で解説するJenkinsは、最新のLTS（Long-Term Support）である「2.7.4」

を使用します（原稿執筆時）。

また、各設定項目の内容は、本書サポートサイトで公開する、サンプル内の「HelloWorld」をサンプルに解説します。

事前の準備

iOSアプリケーションのビルドはXcodeをインストールする関係で、macOSである必要があります。WebアプリケーションであればJenkinsをDockerで起ち上げて運用しても構いませんが、iOSアプリケーションがターゲットの場合は、macOSに直接インストールして動作させる必要がある点に注意してください。

なお、本項の解説は、macOSに下記の項目が、事前にインストールおよび設定されていることを前提にしています。

- Xcode
- CocoaPods（必要であれば）
- Carthage（必要であれば）
- GitHubのユーザー作成と公開鍵設定

Jenkinsのインストール（macOS）

Javaのインストール

macOSにインストールする場合、注意しなければならないことがあります。Jenkinsは Javaで動作しますが、標準ではmacOSにはJavaがインストールされていないため、事前にJDK（Java SE Development Kit）のバージョン8以降をインストールする必要があります。JDKはOracle社の公式サイト[*1]、もしくは、Homebrewを使用してインストールできます。

```
$ brew install Caskroom/cask/java
```

コード6-1　brewを使用したJavaインストール

---

*1 http://www.oracle.com/technetwork/java/javase/downloads/index.html

Jenkinsのインストール

　JDKのインストール後に、Jenkinsをインストールします。本書では設定部分の説明を簡略化するため、Homebrewを使用してインストールします。また、Jenkinsは、安定バージョンであるLTS版をインストールします。

```
$ brew install homebrew/versions/jenkins-lts
```

コード6-2　Jenkinsのインストール

インストール後は、デーモンとして起動できるよう設定します。

```
$ cp -p /usr/local/opt/jenkins-lts/*.plist ~/Library/LaunchAgents
$ launchctl load ~/Library/LaunchAgents/homebrew.mxcl.jenkins-lts.plist
$ launchctl start homebrew.mxcl.jenkins-lts
```

コード6-3　Jenkinsをデーモン起動するよう設定

　上記の設定後に、Webブラウザで「http://localhost:8080」へアクセスすると、[Unlock Jenkins]画面が表示されます（図6-1参照）。

　万が一、ページが表示されない状態となった場合は、JDKが正常にインストールされていない場合があるので、JDKのインストールからやり直してください。

　なお、JRE（Java Runtime Environment）では動作しないので、注意してください。

図6-1　Jenkinsインストール直後の画面

続いて、Jenkinsを使用可能にするため、画面の指示に従って、initialAdminPasswordファイルに記述されている文字列をパスワードとして入力します。

```
$ cat /Users/yukichi/jenkins/home/secrets/initialAdminPassword
```

コード6-4　Unlockパスワードの表示

　Jenkinsのロックが解除されると、プラグインのインストール方法を選択する画面が表示されます。プラグインはJenkins設定後でも追加できるので、まず［Install suggested plugins］を選択して、Jenkinsコミュニティが役立つと推奨するプラグインをインストールすることをおすすめします。

　Jenkinsに習熟している場合や、余計なプラグインは1つもインストールしたくない場合は、［Select Plugin to install］を選択しましょう。本項では［Install suggested plugins］を選択することを前提で解説を進めます。

　プラグインのインストール後は、Adminユーザーを作成しましょう。

図6-2　プラグインの初期インストール

自動化ツールの紹介

GitHub秘密鍵の設定

　GitHubからSSHでソースコードを自動でクローンする場合は、秘密鍵を設定します。

　あらかじめJenkinsで使用する認証キーを作成し、GitHubへ公開鍵をセットします。

　続いて、Jenkinsの左メニューにある［認証情報］の［System］を開き、右ペインのリンク［グローバルドメイン］を開きます。左メニューに［認証情報の追加］が表示されるので、これをクリックします。

　なお、秘密鍵の設定は、秘密鍵の配置場所に応じて変更してください。また、公開リポジトリのみでの運用や、SSHでクローンしない場合は、設定する必要はありません。

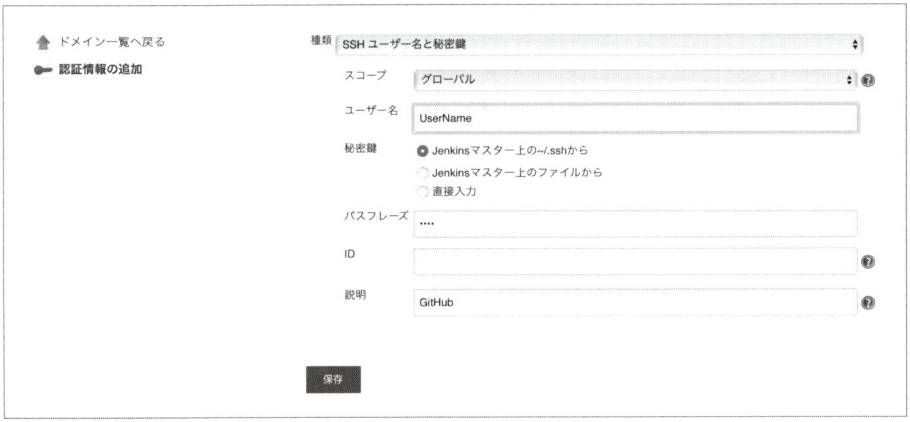

図6-3　認証情報の追加

対象	設定値
種類	SSHユーザ名と秘密鍵
スコープ	グローバル
ユーザー名	GitHubのユーザー名
秘密鍵	Jenkinsマスター上の~/.sshから
パスフレーズ	秘密鍵のパスフレーズ
ID	空欄
説明	認識しやすい名称

表6-1　認証情報の設定

環境変数の設定

　CocoaPodsのコマンドを実行するためのPATHや言語設定、iTunes Connectへipaを送信する際のアカウント情報をあらかじめ環境変数に設定します。

　iTunes Connectのパスワードは、Apple IDの設定で、特定アプリケーション用のパスワードを作成して利用します。

　環境変数の設定は、Jenkins左メニューにある［Jenkinsの管理］から［システムの設定］を開き、［グローバル プロパティ］にある［環境変数］のチェックボックスにチェックを入れることで追加できます。

キー	値
LANG	ja_JP.UTF-8
PATH	$PATH:/usr/local/bin
ITC_USER	AppleID
ITC_PASS	アプリケーション用パスワード

表6-2　設定するキーと値

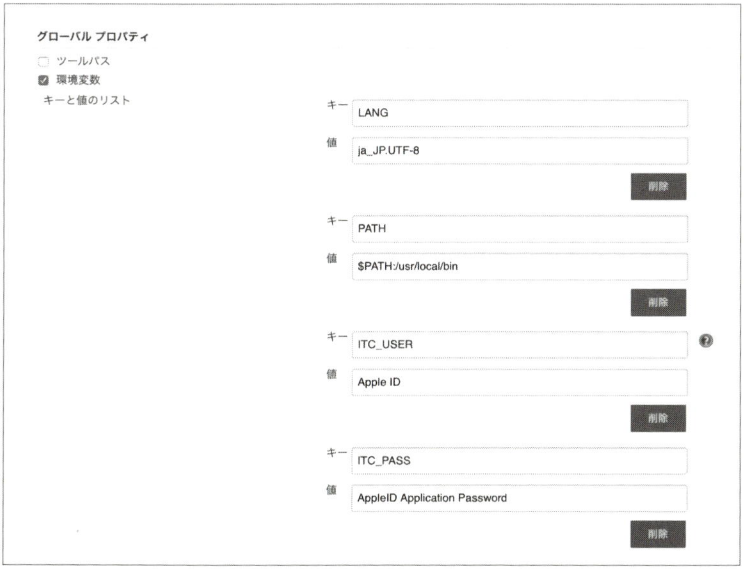

図6-4　環境変数の設定

ジョブの作成

Jenkinsの準備が完了したところで、早速新しいジョブを作成します。左メニューの［新規ジョブ作成］をクリックすると、新しいジョブの作成を開始します。

まず、ジョブ名とどのパターンのジョブを作成するのか、選択する項目があります。本項では、［フリースタイル・プロジェクトのビルド］を選択します。

項目には、パイプラインのジョブや複数ジョブを連携するものなどが用意されているので、用途に合致した項目を選択します。作成後に変更することはできません。

図6-5　新規ジョブの作成

ジョブの設定

フリースタイルでのジョブは、次図に示すカテゴリを設定します(図6-6)。

カテゴリ内の項目はプラグインのインストール有無で変化しますが、本項では、標準の推奨プラグインをインストールした状態で解説します。

図6-6 カテゴリ

General

この項目は、主にジョブの全般的な設定を行います。プロジェクト名ではどのような文字を使っても構いませんが、表示用ではなく内部管理用として使うのが一般的です。

プロジェクト名と表示用の名称を変更したい場合は、[高度な設定…]をクリックして、設定項目を拡張します。[表示用プロジェクト名]が用意されているので、表示用の名称と内部の名称を違うものにできます。

ソースコード管理

対象のソースコード管理システムを選択します。本書で対象としているGitを選択します。

Gitの設定項目は、リポジトリURL、GitHubへSSH接続するための設定、対象となるブランチを設定します。リポジトリURLはhttpsで始まるURLでも構いませんが、SSHを使用する場合は、「git@github.com:」で始まるURLを指定する必要があります。

リポジトリURLを設定後、必要に応じてSSH接続の設定を選択します。リポジトリURLがSSH接続にも関わらず、SSH接続ができない場合には、赤字でエラーが表示されるので、適宜設定を修正してください。

ユーザー名の指定が間違っていたり、秘密鍵のパスもしくは鍵自体を間違えるケースが多いため、まずは、これらをチェックしてみましょう。また、[Additional Behaviours]では、clone前にcleanするなどの設定も可能です。

ビルド・トリガ

ビルド・トリガは、Jenkinsのジョブを走らせるきっかけを指定します。

GitHubの指定リポジトリにプッシュされたタイミングでジョブを実行させるには、[Build when a change is pushed to GitHub]にチェックを入れます。この設定では、GitHubからpushを受信するため、hookを設定する必要があります。

また、Cronのように指定時刻や一定間隔でリポジトリをチェックし、変更があればジョブを実行させることも可能です。その場合は、［定期的に実行］にチェックをいれ、確認する時刻や間隔を設定します。例えば、5分間隔で確認させるには、下記に示すコードを指定します（コード6-5）。

```
H/5 * * * *
```

コード6-5　定期的に実行の設定例

ビルド

本書の解説では、他のCIシステムに移行することも考慮して、シェルスクリプトを実行することでビルドする設定を行います。

まずは、ビルド手順の追加でシェルの実行を選択し、スクリプトを記述可能にします。

続いて、実際のビルドを実行するスクリプトを記述します。スクリプトは別途個別にファイルを用意して、呼び出す形式でも構いませんが、本項では今回は全体像を把握しやすくするため、まとめて記述します。

下記に示すコード例（コード6-6）は、簡易的なビルドスクリプトです。「変更対象」とコメントされている箇所の変数を修正すれば、CocoaPodsを使っている標準的なプロジェクトであれば、ビルドからiTunes Connectへの転送までを自動で実行できます。

なお、IPAファイル名にバージョンとビルド番号を付与して、どのジョブでビルドされたか明確にしています。

```
# 変更対象
PROJECT_NAME=$JOB_NAME
SCHEME='HelloWorld'
BUILD_MODE='Release'
PROVISIONING='XC: HelloWorld'

# 固定値
TARGET_XCODE=/Applications/Xcode.app
DEVELOPER_DIR=${TARGET_XCODE}/Contents/Developer/
VERSION=` agvtool mvers -terse | \
grep -i ${PROJECT_NAME}/Info.plist | \
grep -o -e '[0-9]\+\.[0-9]\+\.[0-9]\+'`
EXPORT_OPTIONS_PLIST="export_options.plist"
XCWORKSPACE=${PROJECT_NAME}.xcworkspace
ARCHIVE_DIR=${WORKSPACE}/Archive
IPA_DIR=${WORKSPACE}/build/Release-iphoneos
IPA=${IPA_DIR}/${PROJECT_NAME}-${VERSION}-${BUILD_NUMBER}.ipa


# CocoaPods
pod install
```

```
# Carthage
#carthage update

# ビルド番号セット
agvtool new-version -all $BUILD_NUMBER

# アーカイブ
xcodebuild archive -scheme $SCHEME \
  -workspace $XCWORKSPACE \
  -configuration $BUILD_MODE \
  -archivePath $ARCHIVE_DIR

# IPA
xcodebuild -exportArchive \
  -exportOptionsPlist $EXPORT_OPTIONS_PLIST \
  -archivePath ${ARCHIVE_DIR}.xcarchive \
  -exportPath $IPA_DIR

#IPAをリネーム
mv $IPA_DIR/${JOB_NAME}.ipa $IPA

# IPAの検査
Loader=${TARGET_XCODE}'/Contents/Applications/Application Loader.app'
ALTOOL=${Loader}/Contents/Frameworks/ITunesSoftwareService.framework/Support/altool
"$ALTOOL" --validate-app -f $IPA \
  -u ${ITC_USER} \
  -p ${ITC_PASS}

# iTunes Connectへ送信
"$ALTOOL" --upload-app -f $IPA \
  -u ${ITC_USER} \
  -p ${ITC_PASS}
```

コード6-6　ビルドのためのシェルスクリプト

ビルド後の処理

ビルドが終了すると、ここで指定した処理が実行されます。ビルド結果のメール送信や通知、成果物の保存などが可能です。

プラグインなどを利用して、Slackなどのチャットサービスに通知を送信可能にすると、関係者全員がビルド結果をすぐに知ることができ便利です。

6-3 リリースの準備

リリースとは、実装した機能やバグ修正した内容をユーザに解放するという意味で、初めてサービスを公開するローンチと呼ばれる時と、改善や修正などでサービスを更新するアップデートの場面を指します。ユーザに触れられる機会を作るということで、チームにとってもサービスにとっても、重要な節目と言えるでしょう。本節ではサービスリリースにおけるチームの役割について解説します。

リリース準備におけるメンバーの役割

　開発が進み、サービスがリリースできる状態に近付いたら、リリースの準備を開始します。環境構築をはじめ、テスターによるテストなど、初めてのリリースには、多くの準備作業があります。

　また、リリースの準備は、作業それぞれで開始できるタイミングが異なるため、チーム内でスケジュールを確認する必要があります。本項では、チームメンバーそれぞれの準備を説明します。

プロデューサー・営業職

　プロデューサーや営業職のメンバーは、リリース前に可能なプロモーションを考えて、実行に移します。また、同時にリリース後のプロモーションも準備する必要があります。

レビューサイトへのアピール

　例えば、スマートフォンアプリケーションの場合、アプリケーションのレビューサイトが数多く存在します。一時期に比べると、レビューサイトのユーザーへの訴求力は低下していますが、ユーザーの目に触れる場所での掲載は大きな力となるため、レビューサイトにはあらかじめリリースの内容を知らせると共に、ストアに掲載される前に試してもらい、レビュー記事を掲載してもらえるよう努力しましょう。

　基本的にレビューサイトの記事は、最終的

には同サイトの編集者の判断で決まるため、確実に掲載してもらう方法はありません。

しかし、編集者が本当に良いと判断したものや、光るポイントがあるなど好意的に捉えられたアプリだけが掲載されるため、レビューによるユーザーの呼び込み力は充分に期待できます。

メディアとのタイアップ

レビューサイト以外では、各種メディアとのタイアップ企画など、相互にメリットがある形でリリース時に掲載されることで、ブーストを図ります。また、相応のコストを要しますが、PR記事広告を依頼し、掲載してもらう方法もあります。

メディアの場合もレビューサイトと同様に、正式リリース前にアプリケーションをプレリリースして(担当者に渡して)、リリース前に実際に操作してもらう必要があります。

ティーザー広告

正式リリース前に、ティーザー広告(ティーザーサイト)などで潜在ユーザーの興味を煽ることも、プロモーションの1手段です。

ティーザー広告の最大の目的は、このサービスはいったい何だろうと、ユーザーに興味を持ってもらうことです。しかし、ユーザーの期待値が高まる一方で、高まった期待値以上の体験がサービスで得られない場合は、スタートダッシュに失敗することになります。

エンジニア・インフラエンジニア

エンジニアもしくはインフラメンバー(インフラエンジニア)は、リリース前にまず本番環境を構築するなど、やるべき作業がたくさんあります。また、サービスを安定して運営できるよう、十分に準備しておくべきでしょう。

ソースコードを保持

リリース用のソースコードが確定したら、リポジトリでリリースタグを設定して、リリース時のソースコードをいつでも取り出せるように手配します。

リリース後のバージョンでマイグレーションが発生した際、以前のアプリケーションを復元できると、検証が容易であるためです。

初回リリースだけに留まらず、バージョンアップなどのリリースごとにタグを設定しましょう。いつでも過去のリリース版ソースコードを取得できると便利なので、必ず設定しましょう。

ステージング環境の構築

リリース前の準備段階では、まずはステージング環境にリリース用のソースコードを使ってデプロイします。

ステージング環境は本番環境と同等の環境です。ステージング環境の構築が完了した時

点で、カスタマーサービス担当のメンバーやテスターに構築完了を連絡します。関係部署の各メンバーは、それぞれの役割に沿って準備を開始します。

本番環境の構築

ステージング環境の構築に続いて、本番環境の構築とデプロイを実行する必要があります。基本的にステージング環境と同様なので、構築作業そのものは難しいことはありませんが、本番環境でアプリケーションが正常に動作するか、外部からのアクセスに問題がないか、データベースは本番環境を参照しているかなど、事前に確認することは重要な工程です。

また、本番環境の構築の他に、スケールアウトした場合でも、きちんと負荷が分散されるかどうかも確認しましょう。万が一、想定以上のユーザーがアクセスした際に、捌ききれずシステムダウンすることだけは、絶対に回避したいものです。

カスタマーサービス

カスタマーサービスのメンバーは、サービスへの問い合わせに対応するため、サービス全般に関して熟知する必要があります。

チームメンバーからサービスにアクセス可能にしてもらい、サービスを使用することから始めます。サービスを把握している開発メンバーが操作することも重要ですが、初見に近いカスタマーサービスが初めて操作したときの所見は貴重な情報です。

カスタマーサービスとしては、どの部分で躓きやすいか想定でき、問い合わせに対する準備が可能になります。また、開発チームにもフィードバックし、今後のバージョンアップに役立ててもらうことができます。

テスター

本番環境と同様に、リリース用のソースコードでデプロイされたステージング環境を使い、テストケースに従って、一通りのテストを実施します。

ステージング環境でテストが通過しない場合は、即座にプロジェクトマネージャーやエンジニアに伝えて、修正対応を待ちます。ここでのテストは重要です。確実にテスト漏れがないことを最優先して作業します。

また、本番環境の構築が終わったら、最終的に本番環境で再度テストを実施します。

6-4 プロモーション

　プロモーションは、公開するサービスを潜在ユーザーに認知してもらうために、必要不可欠な手段です。有料・無料を問わずさまざまな手段があり、それぞれに向き不向きがあるため、サービスに適した手段を選択する必要があります。

　本項では、どのサービスでも有効な基本的な手段を解説します。

プレスリリース

　プレスリリースは、広報における基本的なもので、Webアプリケーションやスマートフォンアプリケーションでは、主にWeb媒体を中心としたメディアに対して、サービスを告知します。

　しかし、常に数多くの企業がプレスリリースを発表しているため、確実にメディアに掲載されることは困難ですが、プレスリリースのメディア掲載は、多くの潜在ユーザーの目に触れるため、必須の手段ともいえます。

　また、プレスリリースは初期リリースに限らず、メジャーバージョンアップによる便利な機能追加など、新規ユーザーの獲得が期待できるタイミングでも、プレスリリースを出すべきです。ただし、細かい機能追加やバグフィックスのタイミングでのプレスリリースは、逆効果をもたらすためおすすめできません。

　ちなみに、メディアの担当者の元には、日常的に膨大な数のプレスリリースが届いています。そんな状況で担当者の目にとまるプレスリリースを用意することは、腕の見せ所でもあります。競合他社を模倣したものでは、膨大な数の中に埋もれてしまいます。

　サービスのコンセプトを的確に伝えるフレーズを盛り込んだプレスリリースを用意しましょう。

　また、ニュースサイトで取り上げられるケースもあります。サービス提供側の意図が伝わらず、誤解を招く記事になる可能性もあり、一概にプラスとはいえませんが、サービス認知度の向上には大きなメリットです。

　なお、記事執筆時にプレスリリースは参照される可能性が高いため、繰り返しになりますが、サービスの特徴を的確に捉えた分かりやすい説明を用意する必要があります。

プレスリリース代行サービスの利用

　個別にメディア担当者宛で、プレスリリースやメディアキットを送付することは、非常に骨が折れる作業です。「PR TIMES」や「@Press」に代表される、プレスリリース代行サービスの利用も検討しましょう。

　また、iOS（macOS）向けのアプリケーションでは、Appleに直接アピールすることも重要です。Apple社の場合は専用メールアドレス[*1]が公開されているので、必ずプレスリリースを送るように心掛けましょう。

自社メディアの活用

　組織で既にTwitterやFacebookなど、ソーシャルアカウント（SNS）を運用している場合は、是非ともサービスインを発信しましょう。

　SNSでの拡散は高い効果があり、うまくバズ（Buzz）を引き起こせると、極めて高い集客効果を期待できますが、狙ってバズを起こすことは困難である側面もあります。

　また、狙いを間違えてしまうと、いわゆる「炎上」と呼ばれる現象に陥り、サービスや組織そのものに悪い印象を与えかねません。十分に注意する必要があります。

　また、Webメディアがある場合も、SNSと同様に活用しましょう。コントロールできる的確な記事を発信でき、正確な情報をユーザーに認識してもらえます。

　なお、iOS用アプリケーションでは、前述のプレスリリース送付だけではなく、Twitterでサービス情報を発信する際に、Apple運営の公式Twitterアカウント[*2]へのメンションを付与して、告知することをおすすめします。

その他のマーケティング手法

　サービスの性質や規模、想定ユーザー層などを考慮して、最適なマーケティング手法を考え、準備する必要があります。

　また、情報を常に配信し続けなければ、期待するユーザーには届きません。したがって、リリース時のみの発信に留まらず、リリース以降に発信する情報も、事前に検討しておく必要があります。

---

*1　appstorepromotion@apple.com
*2　https://twitter.com/AppStoreJP/media

6-5 リリース後の運用

　リリースはあくまでもスタート地点に過ぎず、サービスはリリースしてからが本番とよくいわれます。より多くのユーザーに利用してもらうには、サービスの品質を向上させる必要があります。また、プロモーションも適切に継続的に実施しなければなりません。

　本項ではリリース後のチームでの運用を解説します。

サービスを育てる

　チームメンバー全員がサービスのゴールをイメージして開発を推し進めたプロジェクトですが、サービスのリリース後は、明確にユーザーに認知され、想定通りに使われているのか、気になるところです。

　サービスの現状を把握するには、WebであればPV（Page Views＝ページ参照数）、スマートフォンアプリケーションではダウンロード数、さらにDAU（Daily Active Users＝1日当りのアクティブユーザー数）などを確認することから始めます。続いて、ユーザーの集客と定着を目標に掲げることになります。

　サービスを伸ばしていくには、まず目標を掲げて、情報を集めて分析し、課題を推測して、改良を続けることが必要です。

　情報を分析せずに、確固たる裏付けのない憶測や一部のレビューなどの情報を鵜呑みにしたり、闇雲に施策を実行することはおすすめできません。

重要な目標設定

　施策を実行する前に、まずは最終目標とそれに至るための目標を立てます。達成したい最終目標をKGI（Key Goal Indicator＝重要目標達成指標）と呼び、どのレベルまでたどり着けば目標達成か、定量的な指標を決めます。

　最終目標が決まったら、目標達成にはどんなことを実行すればいいかを検討します。そして、最終目標の達成までに何を実行するの

か、目標を定めて明確な指標を示す必要があります。この指標をKPI（Key Performance Indicatior＝重要業績評価指標）と呼び、目標達成のための課題を見つけ施策を実施します。

　なお、KPIもKGIと同様に、定量的な指標で定めます。目標達成のための課題は、PDCAサイクルで回すのがよいでしょう。PDCAサイクルを回し、KPIで指標を計測することで、目標がぶれることがなくなります。

KPIの可視化と共有

　KPIは、グラフなどで可視化しましょう。一般的に多くのエンジニアは、KPIや売り上げなどに興味を示さない傾向にあります。そこで、サービスの推移をチーム全体で共有するために、定期的に全員でKPIを確認して、効果的な施策を実施できているか話し合う場を設けるとよいでしょう。

　KPIの取得と可視化は、Google Analyticsなどを利用すると簡単です。イベントの取得はプログラム中に埋め込む必要があります。作業そのものに工数はさほど掛かりませんが、イベント数が多くなると、実装に時間を要することになります。

　初期段階では全画面のPVや課金周りなど、必須事項となる部分のみの取得にとどめ、運用が進むにつれ、KPIで取得すべき指標が明確になるので、必要に応じて取得するイベントを追加するのが一般的です。

チームでの施策実施

　サービスでの施策は、広告の出稿やA/Bテストの実施などさまざまです。特にA/Bテストの実施や機能追加などはサービスを成長させる上で必要なことです。

　リリースしてサービスインしたからといって、やることがなくなる訳ではなく、むしろリリース以降こそ、細かい調整や新規の取り組みが必要になります。つまり、この時点でのチームの解散はサービスの死を意味します。

　リリース後のチームの動き方は、実は開発中とさほど変わりません。実際に施策を実施する際は、チケットの登録から始まり、担当と期日を決めて実行します。

　例えば、エンジニアが担当する施策であれば、実装後は即座にCIでビルドされ、CDで自動的にデプロイされます。これを繰り返していきます。施策実施後はきちんと結果を調査しましょう。KPIで効果を確認でき、次の施策に向けて動き出せます。この通り、チーム開発のスピード感は、開発のみならず、リリース後も運用時でも活かすことができます。

ユーザー評価の収集

　KPIの計測などは、Google Analyticsなどサービスから直接取得する値で、情報を収集しますが、実際に利用しているユーザーの声を聞くことも忘れてはなりません。

　ユーザーがサービスをどう評価しているかを知るには、Twitterやブログなどをチェックしましょう。ユーザー自身が生の声を発信しているため、バイアスが掛かっていない評価を拾うことができます。

　必要に応じてTwitterで検索して情報収集する方法でも構いませんが、漏れる可能性もあります。併用して「Queryfeed」[3]などに代表される、発言を検索して自動でRSS出力してくれるサービスを利用しましょう。

アンケートの実施

　アンケートを作成して回答してもらう方法もあります。アンケートはサービス側で一定条件に沿って送信したり、メールアドレス登録が条件のサービスであれば、アンケート依頼を送信するのもいいでしょう。なお、その場合は、サービス規約に明記しておく必要があるので注意しましょう。

　アンケートには、回答数が多いほど改良点が明確になるメリットがありますが、アンケートがユーザー離脱に繋がる可能性も考慮すべきです。特に頻繁にアンケートを送信すると、その傾向が高くなるので注意しましょう。

　ちなみに、ユーザーが自発的に声を発してくれる機会は他にもあります。カスタマーサポートには、問い合わせやバグ報告、要望、時にはお礼が寄せられます。カスタマーサポートに寄せられたユーザーの声は、必ずチーム全体で共有しましょう。

ストアレビューへの対策

　スマートフォンアプリケーションの場合は、各アプリストアでのレビューにも注目する必要があります。

　レビューは大きく2つの方向に分かれる傾向があり、サービスが気に入ってレビューするユーザーは星の数が多く、一方、バグや不

---

[3] https://queryfeed.net

具合の発生などに遭遇した場合に書き込まれ、ほとんどのケースでは星の数も1つになります。この両極端にレビューは偏る傾向にあり、基本的に前者の良好なレビューより、後者の低い評価のレビューが多い傾向になります。

　新規でダウンロードする際、低評価なレビューが多いアプリケーションはダウンロードされない傾向が強いため、スマートフォンアプリケーションでは、レビュー対策は必須です。

　良好な評価のレビューを数多く得るには、自発的なレビューを待たず、アプリケーション側からレビューをお願いする方法もあります。しかし、レビューのお願いを表示するタイミングを間違うと、低評価なレビューが集まり逆効果となるため、表示タイミングには注意しましょう。

　また、そもそもバグが多発し、ユーザー定着率が低いサービスの場合は、レビュー依頼以前の問題です。まずは、アプリケーションを安定させて、DAUやMAUなどを考慮して表示する時期を判断しましょう。

　不具合などでレビューが荒れることを防ぐには、安定したアプリケーションであることが第一ですが、カスタマーサポートへの問い合わせやバグ報告の手段をアプリケーション内に用意することで、ユーザーを安心させ、アプリストアへのネガティブレビュー投稿のモチベーションを下げることも有効な対策です。

　誤解や勘違いで低評価なレビューが投稿されるケースもあります。Google Playストアでは、管理画面からレビューに返信して、丁寧な説明でユーザーの誤解を解きましょう。

　ちなみに、全レビューに対して返信すると、ユーザーも安心してダウンロードします。極力レビューに返信する時間を定期的に確保しましょう。また、チームでレビューを確認する時間を定期的に持つことも、サービスの状態を知るには最適な方法です。

サーバの状態監視

　サービスの運用は、ユーザーの声を聞き、次に生かすだけではありません。サービスが成長すると、注意すべきはサーバ負荷です。

　サーバの負荷は常にモニタリングする必要があり、チームで定めた基準を超えた場合は、即座にスケールアウト可能な準備を整えておきます。もちろん、リーンスタートアップのMVP（Minimum Viable Product）に相当するフェーズであれば、そこまで求められないかもしれません。しかし、スケールアウト可能な設計が望ましいことは確かです。

　また、死活チェックも自動で行い、万が一、何らかの事情でサーバがダウンしてもすぐに分かる状態にしましょう。もしサーバダウンに気付かず、数時間後に判明したとなると、復帰までに時間が掛かってしまい、サービスの運営そのものにも疑問を持たれかねません。

Chapter 7

チームのライフサイクル

チーム開発では、安定したチーム作りが必要不可欠です。チームも人の集まり、衝突も少なからず発生します。
しかし、プロジェクトの最終的な成果、そしてその先の未来に向けて、メンバー全員が共通認識として同じベクトルを持ち、開発を進めていけるチームとなるのであれば、その衝突は実のあるものとなります。
安定したチーム作りは実に困難を極めますが、チーム開発における安定は、チームのアウトプットを何倍にも向上させるものです。本章では、チームのライフサイクルを解説し、安定したチームを作成する手助けをします。

7-1 チームビルディング
7-2 チームメンバーの活性化
7-3 チームの構成変更
7-4 チームの改善

7-1 チームビルディング

チームのマネージメントは、すなわち人材マネジメントと同等です。

人材マネジメントでは、心理学者のタックマンが唱えた、「タックマンモデル」と呼ばれるチームビルディングモデルがあり、チームのライフサイクルを考える上で有用です。

本項ではチームビルディングにおけるタックマンモデルを紹介し、メンバーの活性化や入れ替え、増強などを解説します。

タックマンモデル

プロジェクトには、リリース後も継続的に運営するため続くものや、受託開発などリリース後は終了するものが存在し、これと同様にチームにもライフサイクルが存在します。

チームビルディングのライフサイクルを考える際、1965年にBruce W. Tuckman氏が提唱した「タックマンモデル」が有用です。

タックマンモデルでは、チームの形成から解散まで5つのステージ[1]があるといわれています。既に提唱から50年もの年月が経過していますが、現在のチームビルディングでも大きく変わるところはありません。

続いて、各ステージを紹介します。

Formingステージ

「Forming」は初期のチームを形成するステージです。チーム編成のためにメンバーを集めた段階であり、プロジェクトの目的や目標を理解する必要があります。

メンバーは単に存在するだけで、チームとしての機能は果たせません。いわば、チームとしての準備期間ともいえます。

この段階は、プロジェクトそのものの理解の他に、他のメンバーを理解することが必要となるステージです。

---

[1] 1977年にAdjourningが追加され、5つになりました。

Stormingステージ

「Storming」はその言葉通り、チームが混乱するステージです。チーム開発のスタート後、ある程度開発が進み始めた時点で発生する段階、もしくは現象です。メンバー同士の衝突やプロジェクト進行への不安など、さまざまな要因があります。

誰しも無意識にこのステージを回避しようとしますが、プロジェクトを進行する上では必ず訪れるステージです。

他メンバーとの衝突やプロジェクト進行への不安など、要因にはさまざまなものがありますが、結果的にはメンバー同士の結束を生み、プロジェクトをより良く進めるために必要なステージでもあります。

意見の対立や衝突を避け、メンバーが問題を個々で抱えたり、メンバー間で意見をまとめないなど、このステージを避けている段階では、まだまだチームではなく、単なる寄せ集めのグループの状態にあるといえます。

Normingステージ

「Norming」は、前述したStormingを経て安定するステージです。他メンバーの考えや意見を理解して受け入れ、各々の役割や責任などが明確になり、メンバー同士の繋がりがなかった状態から、プロジェクトを進める上でチームとしてまとまります。

Performingステージ

チームとしてのパフォーマンスを発揮するステージです。チームメンバーの結束が強く一体感がでます。あうんの呼吸で、対立を起こさず、かつ意見を取り入れプロジェクトを推進させるにはどうするかをメンバー同士が実践できる段階にあたります。チーム開発においては、このステージにいかに早く到達するかが重要になってくるでしょう。

Adjourningステージ

「Adjourning」は、チームの休止もしくは解散のステージです。リリース後に運用などのフェーズがないプロジェクトでは、成果物を作成し目的を達成したときなど、さまざまな要因でチームが終了する段階です。

プロジェクトの成功によって、このステージに進めるよう努力しましょう。

タックマンモデルにおける生産性の推移

タックマンモデルの各ステージでの生産性をグラフ化したものを、下図に示します（図7-1）。Stormingステージで生産性が降下していますが、最終段階のAdjourningステージに向けて、向上していることが分かります。

プロジェクトがスタートして、実際にチームを編成する段階では、とりあえず必要な職種のメンバーを集めますが、それだけではただのグループに過ぎず、紆余曲折の結果、リリースまで漕ぎ着けるケースが多々あります。

チーム開発では、メンバーおよびチームそのものを成長させることを第一に考えることが、最終的にプロジェクトを成功させる鍵になるでしょう。

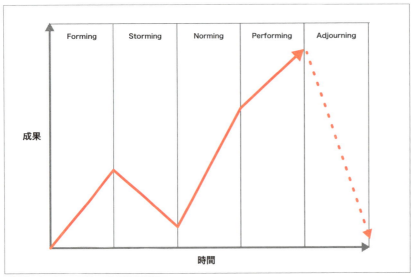

図7-1　タックマンモデルの生産性の推移

7-2 チームメンバーの活性化

　チームメンバーの活性化は非常に重要です。タックマンモデルのPerformingステージにあるチームであっても、メンバーのモチベーションが低下すると、パフォーマンスを発揮できない状態に陥るケースがあります。

　モチベーションが低下する要因はいくらでもあり、常に高いモチベーションを維持し続けることは困難です。そこで、如何に低下したモチベーションを向上させるか、もしくはモチベーション低下の幅を小さくするにはどうすべきかを考える必要があります。

モチベーションを低下させる要因と対策

　モチベーションが低下するタイミングはいろいろとありますが、少なくともチーム開発が原因で低下してしまうことは極力防ぎたいものです。モチベーションを低下させる要因として考えられるものを、以下に数点あげます。

　もちろん、この他にも要因はいろいろとあり、ある程度防げる障害もあります。一つ一つ何が原因なのか考えてみましょう。

頻繁な仕様変更

　仕様変更自体は恐れず受け入れるものとチーム全体で認識していても、頻繁に変更されるのであれば、仕様の固め方に問題がある証拠です。仕様そのものもチームで妥当かどうか議論すべきです。

　万が一、管理側の独断でユーザーの要望をそのまま受け入れているのであれば、チーム全体で議論するルールに変更しましょう。

　もちろん、機能実装が大変だからなどの理由で仕様変更を却下することはせず、仕様変更による価値をきちんと見極めましょう。また、場合によっては、ユーザーとも再度ゴールをきちんと共有する必要もあります。

　これらの対応で仕様変更は意味のあるものとなり、メンバー全員納得できれば、モチベーションは低下しないはずです。

激務

　激務はチームにとって大きな問題です。チームメンバー全員でタスクミーティングでタスクと割り当てを管理し、朝会で進捗を把握、ふりかえりミーティングでチームの問題点を洗い出せば、激務に陥ることはないはずです。

　受託契約などの関係で、やむを得ず無理な

納期が設定されてしまうケースもありますが、その場合は、可能な限り優先度の低い機能は次フェーズへの移動を調整するなど、管理側で対策を取る必要があります。

作業への割り込み

作業中に諸々の電話や直接の会話などによる中断、もしくは複数のチームに所属するメンバーは、作業そのものの割り込みが発生する状況もあり得ます。

この他にも作業への集中を妨げる要素は数多くありますが、割り込みが多発する場合は、チーム内では優先度の低い内容に関しては、メールやチャットでのやり取りに切り替えることを徹底し、外部からの割り込みは許容することで対応せざるを得ません。

対処できないほどに頻繁に割り込みが発生する場合は別途対策を講じる必要があります。モチベーション低下の原因となる要素を潰して、作業に専念できる環境を用意することも、プロデューサーやプロジェクトマネージャーなど管理側の重要な役割です。

モチベーション向上の秘訣

どうしてもモチベーションが上がらないときもあります。そんなときはどうすれば良いのでしょうか。ストレス解消法と同じで、個々人で違う対処法がありますが、一般的に有効なモチベーションアップの秘訣は、外部の刺激を受けることです。

勉強会やセミナーなどに参加して、他の会社のプロモーション方法や、技術情報などを聞くことで、刺激を受けモチベーションアップに繋がることが多いのです。例えば、セミナーにスピーカーとして参加すると、モチベーションアップはもちろん、プレゼンテーション能力や自信にも繋がります。

他チームと交流

他チームとの交流は、チームの活性化に大きく役立ちます。他チームでの開発方法やチームの取りまとめ、トラブルの発生要因など、お互いに取り入れられる情報を交換しましょう。もちろん、これらの情報は、社内で参照可能なドキュメントとして残すべきですが、ドキュメントから漏れている生の情報は直接メンバーからでなければ得られません。

勉強会の開催

オープンな勉強会でなくても、外部から講師を招き、セミナーを開催すると、濃い情報を得るきっかけになります。また、他社との繋がりを得て、相互に情報を交換することも目的の1つです。組織が異なると文化も違います。社内メンバーだけで決めているルールや技術も、外部と交流することでよりよいチーム運営の方法や技術などを発見できる可能性もあります。

7-3 チームの構成変更

プロジェクトが進行している間は、チームメンバーの変更は極力避けるべきですが、長期間にわたるプロジェクトでは、チーム外の要因により、入れ替わりが発生するケースがあります。また、進捗が芳しくないチームでは、増強を迫られるケースもあります。

いずれにせよ、ネガティブな要因によるメンバーの移動は努めて避けるべきです。

本項では、メンバーが変更された場合に起こり得るメリット、デメリットに関して解説します。

メンバーの削減

チーム内のメンバーが削減されるパターンを想定しましょう。チームビルディングのステージがPerformingで、チームのパフォーマンスが良好で、プロジェクトにはオーバースペックなケースでは、許容範囲内で削減しても問題の発生は起きないはずです。

しかし、ぎりぎりのパフォーマンスで開発を進めている状況で、メンバーを削減すると、プロジェクトの遅延は避けられません。

ぎりぎりのパフォーマンスで進行している状態は、各メンバーが得意な部分を担当しているケースがほとんどです。

また、メンバーの削減は、残ったメンバーのストレスにもなるため、1人抜けることでカバーに要する労力は1人以上を要すると推測できます。

下図に示すのは、4人のチームメンバーで余裕を持ってプロジェクトを回している状態です（図7-2）。

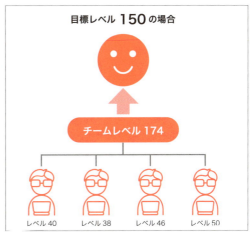

図7-2　メンバー削減前

この状態から1人のメンバーを削減したらどうなるでしょうか。1人が抜けても大丈夫なほどの余裕はないため、当然の結果として、対応できなくなります（図7-3）。

　下図では状況を分かりやすく説明するため、目標レベルや各メンバーのスキルを数字で表現していますが、実際の現場では、実作業の負荷を確認して判断することになります。

　チームとして実装できる速度が低下するため、必然的にタスクを消化する速度も低下します。したがって、メンバー削減への対処としては、図の目標レベルを削減後のチームに適正な値まで下げたり、スケジュールを見直す必要があります。

　もちろん、サービスのリリースが完了しており、PDCAサイクルを回す運用改善フェーズなどでは、サービスの改善速度の低下を許容できるのであれば、メンバーの削減が問題とならないケースもあります。

　しかし、病気などやむを得ない事情で、一時的にメンバーが抜けざるを得ないケースもあるため、メンバーの削減を避けることはできません。

　したがって、チーム構成の変更が避けられないケースも想定して、予めチーム全員で対処を考えておきましょう。いずれにしろ、メンバーの削減はチームの破綻に繋がる可能性が高いため、どのような状況でも十分に気を配る必要があります。

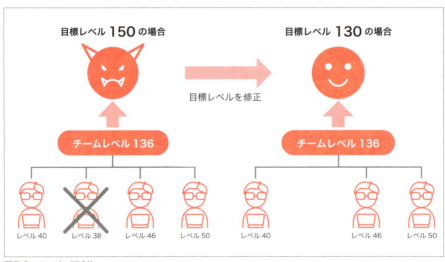

図7-3　メンバー削減後

メンバーの増員

次に、チームにメンバーが増員されるパターンを想定してみましょう。

特にチームのパフォーマンスに問題はなく、単純にメンバーを育てる目的でチームに追加する増員であれば、既存メンバーが新メンバーをサポートできる範囲内であれば、問題ありません(図7-4)。

なお、ここで注意すべきは、新メンバーのサポートには既存メンバーの労力が必要であることです。

単純にメンバー数だけで判断すると、メンバーを増員すれば、チームのパフォーマンスが向上し、プロジェクトの進行が早まるイメージがありますが、実際はそうではありません。

プロジェクトの進捗が芳しくなく、俗にいわれる炎上プロジェクトをメンバーの増員で乗り切ろうとするケースを頻繁に目にします。

例えば、下図に示す状態に陥ったプロジェクトチームで(図7-5)、メンバーの増員で進捗を回復させるには、チーム開発の経験が豊富で、一定レベルのスキルを持った人でなければなりません。

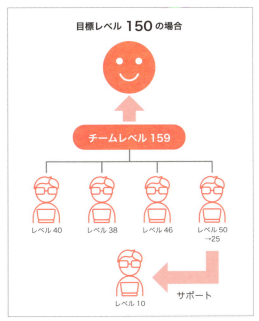

図7-4　余裕がある状態での増員

図7-5　炎上プロジェクト

仮に経験不足のメンバーを増員してしまうと、既存のメンバーが増員メンバーをサポートするコストが大きくなるため、期待とは異なり、進捗の悪化を招く恐れがあります。

また、大量の人員を投入した場合は、前述のタックマンモデルのStormingステージ（混乱ステージ）に逆戻りしてしまい、成熟したチームを壊すことになりかねません（図7-6）。

図7-6　増員人数が多くチームが混乱ステージに

メンバーの入れ替え

　チームからメンバーが抜けて、新たにメンバーが追加されるパターンです。つまり、メンバーの削減と増員が行われるケースです。

　この場合、削減と増員が同時に実行されることはなく、まずチームからメンバーが抜けて（削減）、しばらくして新たなメンバーが増員されることがほとんどです。

　つまり、メンバー入れ替えは、他プロジェクトの増員メンバーとして招集され、後日メンバーが抜けた穴を塞ぐため、新メンバーが増員されるパターンです。

　前述のメンバー削減で解説した通り、パフォーマンスが一時的に低下することは回避できません。また、増員されても既にパフォーマンスが大きく下がり、オーバーワーク状態のチームに増員すると、新メンバーのサポートのため、さらに一時的にパフォーマンスが落ちる懸念があります（図7-7）。

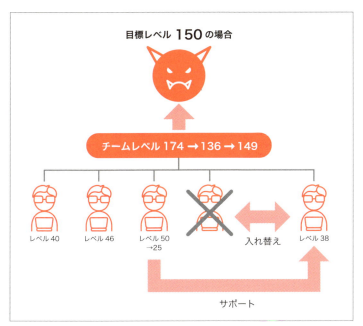

図7-7 入れ替えが発生した直後の負担

　また、メンバーの半数以上を入れ替えする事態になった場合は、チームはFormingステージもしくはStorming（混乱）ステージに逆戻りしてしまい、新たにチームビルディングをやり直す羽目になります。

　メンバーの入れ替えは、他チームのメンバーから新たな知識を取り入れたり、チームの知識を他チームに伝授するなど、ポジティブな理由であれば、歓迎すべきことです。しかし、その場合でも、チームメンバーは時間を掛けて徐々に入れ替えることが理想です。

7-4 チームの改善

　チームビルディングがうまく進み、高パフォーマンスなチームが成立したとしても、同じメンバー構成でチームが継続できる保証はありません。

　チームはいつかは解散し、メンバーは入れ替わりますが、メンバー個人にはチーム開発の経験が蓄積されているので、次のチームで経験を生かすことが可能です。そして、チーム全体が十分な経験を積んでいるのであれば、次のステップを試してみる余地があります。

　本節では、チームの基礎力を十分に形成した、その先の改善を解説します。

チーム開発手法の強化

　チーム開発を何度か経験し、経験を積んだメンバーばかりの場合は、十分に基礎力が養われていると考えられますので、本格的なチーム開発手法の導入を検討するとよいでしょう。

　本書では、さまざまな開発手法から共通として使える最低限のものを紹介しますが、開発手法は、最終的にはプロジェクトに適した形式にアレンジする必要があり、最適なアレンジには経験を積む必要があります。導入する開発手法に詳しいメンバーがいない場合は、当初は思想を読み解きつつ、トライ＆エラーで進める必要があり、苦労が予測できます。しかし、うまく動き始めたらチームのレベルが上がったことを実感できるはずです。

　なお、開発手法を簡易的にまとめて紹介しますが、それぞれの開発手法には思想があり解釈も難解な面があるため、本格的に導入する際は、必ず事前に原書や関連する専門書を参照してください。

FDDフィーチャー駆動開発

　FDDフィーチャー駆動開発は、ユーザー機能駆動開発とも呼ばれます。まず業務知識保有者、経験豊富なモデル設計者、開発メンバーなどで全体モデルを作成します。イメージと

しては要件定義基本設計です。

次にドメインモデルから、ユーザーの視点でみた機能（featureと呼ばれるタスク）のリストを生成します。

ここで注意すべき点は、機能の設計・実装が2週間以内で終わる単位で切り出すことです。2週間以上を要する機能は、さらに細かく機能を切り出す必要があります。

また、機能は細かい単位で作成するので、機能をグループに分類し、分かりやすくすることもあります。

リストが完成したら、機能別に計画を立て、設計・実装の流れになります。設計・実装の段階では、進捗率を把握するマイルストーンと重み付けで、その状態から個別機能の進捗が分かるようになります。

ステップ	重み
ドメイン・ウォークスルー	1%
設計	40%
設計を精査	3%
コード	45%
コードを精査	10%
ビルド	1%

表7-1　マイルストーンと重み付け

また、紙やツールなどを利用して、完了を緑色、仕掛かり中を黄色、遅延を赤色と色付けすれば、一目で進捗が分かります。ズームアウトで、グループや全体がどの状態なのかを色で判別できます。

FDDフィーチャー駆動開発は、大規模な開発に適している印象があります。また、難解な面もあるので、導入を検討する場合は、経験者を探して、ヒアリングもしくはチームへの加入を検討しましょう。

エクストリーム・プログラミング（XP）

エクストリーム・プログラミングは、ユーザーの要求や仕様などの変化を前提として、小さなレベルで素早く開発し、回していく手法です。

エクストリーム・プログラミングの特徴には、次表に示す通り、5つの価値が存在します。

価値	内容
シンプル	必要最低限の設計・実装
コミュニケーション	顧客やメンバー間でコミュニケーションを多くとる
フィードバック	仕様変更やコードの修正などを迅速に行う
尊重	それぞれの役割のメンバーがそれぞれを尊重
勇気	変化を恐れない

表7-2　エクストリーム・プログラミングにおける価値

　ドキュメント類よりも、ソースコードを優先する考え方も、仕様の変化を前提としている現れです。ただし、ソースコードには必ずテストコードも付随させ、コードの安全性を確保しつつ、リファクタリングすることで、全体的に洗練されたコードへと変えていきます。

　また、エクストリーム・プログラミングでは、ペアプログラミングやテスト駆動開発（TDD＝Test-Driven Development）、継続的インテグレーションなどの自動化などの手法を使うのも特徴です。

　その分かりやすい価値から、「ドキュメントは絶対に要らない」、「コードを書きまくれ」などの間違った考えを抱いてしまいがちですが、価値を裏付ける根拠（思考）をきちんと読み解く必要があります。

スクラム

　スクラムはアジャイルソフトウェア開発の代表的な手法の1つです。タスクはユーザーストーリー形式で切り出すことが多く、誰が何のために実装するかを明確にします。

　切り出されたタスクはプロダクトオーナーの権限を持つメンバーが、プロダクト・バックログと呼ばれるバックログに、すべて登録します。このバックログは誰でも確認可能にしますが、プロジェクトを成功させるために、各タスクの優先順位を決め、プロダクトバックログの並べ替えを行うのも、プロダクトオーナーの仕事です。

　実際の実装は、スプリントと呼ばれる期間を設定し、スプリントプランニングと呼ばれるミーティングで、スプリント期間中に実装するタスクを、スプリント用のバックログ（スプリント・バックログ）に登録し、実装を開始します。タスクの担当メンバーは工数を見積もり、その期限で責任を持って遂行することが求められます。

　スプリント・バックログにあるタスクは、担当者だけではなく、チームメンバー全員の仕

事と認識する必要があり、もし、あるタスクが手付かずな状態の場合、手が空いていれば担当でなくても着手し、スプリントゴールを達成するために動きます。

スプリント期間中には、毎日短い時間のデイリースクラムと呼ばれるミーティングを実施します。メンバーが昨日やったことや、今日やること、そして障害となるものがあるかを簡潔に共有します。もし、障害の報告があった場合でも、別途ミーティングを設けて、デイリースクラム内では処理しません。

スプリント終了時には、スプリントレビューのミーティングを実施します。ここでは、プロダクトオーナーがプロダクトバックログのタスクを説明し、開発チームはスプリントでうまくいったり、問題点やどのように解決したかを議論します。また、スプリントで完成した機能のデモを実施することもあります。

説明した通り、スクラムでは前述のエクストリームプログラミング(XP)などのように、テストの実装など実装方法などには触れられていません。実際の開発現場では、XPなどの開発手法と平行して実施する必要があります。

なお、スクラムマスターは、チームにスクラムを理解させ理論やルールを守らせる重要な役割があります。もし、スクラム経験者がいない場合は、スクラムマスターを養成するために、いくつかのチームで運用してみる必要があります。

かんばん

「かんばん」は、トヨタ生産方式をソフトウエア開発に持ち込んだもので、タスクを可視化し、過剰な負荷を避けつつ無駄なリソースを省くことで、チームで最大限の成果をもたらすように考えられています。

まずは、タスクを流すステージを、「やるべきこと」、「開発中」、「開発完了」などと決めて、各ステージにはWIP(Work-in-progress：進行中)の制限を掛けます。次にタスクを細かく分解しバックログに入れます。続いて、優先順位を決めてバックログからタスクを引っ張り(プル)、次のステージに進めて処理します。

各ステージにはWIPに制限があり、制限数を越えないように注意する必要があります。制限を越える場合は次のステージには進めず、他メンバーのバックアップに回るなど、常にメンバーが動くことで、リソースを最大限に活用します。

恒常的にWIP制限に引っ掛かり、かつメンバーの手が空いている場合は、WIPの制限を緩めたり、逆のケースでは制限を厳しくするなど、バランスを取りながら、リソースとタスク消化を最大化する必要があります。

しかし、行き当たりばったりで変更するのでは、WIP制限の意味がないため、変更には十分な議論が必要です。

また、かんばんは一連の流れを可視化する必要があります。例えば、ホワイトボードなどに各ステージの枠を用意し、枠内にタスクを記述した付箋を貼り、状態に応じて付箋を各ステージ枠間で移動させ、どのステージでどのタスクが作業中なのかを一目で分かるようにするのが一般的です。

　かんばんは原理が理解しやすいため、導入が容易なところが特徴です。付箋など物理的なものを利用するので、全員が同じものを見ることができます。また、話し合いながら実際に付箋を移動させる行為が発生するため、共同作業を楽しみつつ、コミュニケーションも活発になる利点もあります。

他チームとの情報交換

　チームビルディングがうまく行き、メンバーの経験も溜まってきたら、積極的に他チームとも情報を交換しましょう。同じ組織や部署のチームであれば、全体のスキル向上に繋がります。また、別チームのメンバーになったとき、他メンバーの経験値も高ければ、チームビルディングも容易で、短期間で最適なパフォーマンスを発揮できます。

　情報の交換は、勉強会でもミーティングでも構いませんが、是非とも記録を残すことをおすすめします。

　チームで発生した問題点と解決のために実施した施策と結果が記録されていれば、後からチームを組む際に同じ轍を踏まずに済みます。万が一、同様の事象が発生しても、最適解まで近道ができる可能性があります。

　記録を残すことは、実際にコミュニケーションで伝えたメンバー以外にも、情報を伝えるチャンスがあることを意味します。

　もちろん、記録を残すだけではなく、別のチームとは積極的に情報交換すべきです。記録していない細かいテクニックや見えていなかった障害の種に気付く可能性もあります。

　また、普段からコミュニケーションを取ることで、別チームで一緒になった際に、チームビルディングのStormingステージを早く抜け出すことができるメリットもあります。

　現在所属しているチームだけではなく、他のチーム、そして部署や組織全体を変えていく気構えを持つことが、次のプロジェクトの成功に繋がります。

Chapter 8

チーム開発のフロー

本書ではチーム開発における開発手法をはじめとした、ツール活用やテスト、自動化など必要な知識を説明しています。本章ではサービスがリリースされるまでを、自社開発と受託開発に分けて、それぞれチームメンバーの視点から解説します。

8-1 自社企画での開発フロー
8-2 受託開発での開発フロー

8-1 自社企画での開発フロー

　本節では、自社で企画から開発、運用までを担当する場合の流れを解説します。

　多くの企業では、企画と運用は自社で担当し、開発は外部に発注するケースもあります。その場合は、実装部分を発注先の出来事に置き換えて考えることで、本節での解説も十分に役に立つはずです。

企画立案（プロジェクトマネージャー）

対象者
- プロジェクトマネージャー
- エンジニア（サポート）
- デザイナー（サポート）

参照箇所
- Chap.2 チームの役割（P.007）

　このフェーズでは、企画を練って承認を得る作業から始めます。自社サービスで、組織の企業規模や承認プロセスはさまざまであるため、下記の通りに仮定します。

　また、コンセプトは、漫画やフィギュア、プラモデル、ゲームなどで、「コレクションを通じて仲間と繋がる」として、企画を練ることにします。

- 部に新サービス用の予算が組まれている
- 新サービスの承認は最終的に部長がおこなう

競合サービス調査（プロジェクトマネージャー）

類似するコンセプト、もしくは競合する既存サービスが存在しないか調査します。調べるとA社のサービスとB社のサービスがみつかりました。類似するサービスは他にもありそうですが、まずは競合2社のサービスを調査します。

競合サービス調査は、実際にサービスのユーザーとなり使い勝手を確認します。アイテムの登録画面や、ユーザーアカウントの作成手順なども確認します。

続いて、本項では架空の競合調査の概要（2社）をまとめます。

A社サービスの特徴

- サービス開始から1年3ヶ月程度経過
- デザインは綺麗だが、過剰な演出
- 動作が緩慢
- 登録数が多くない（サービスが流行っていない）
- マネタイズはまだしていない様子
- インタビューやレビューなどのオリジナルコンテンツあり
- コレクションアイテムのSNSシェアボタンがない
- アイテム登録にあたり、埋める項目が多い
- アイテム登録はサービススタッフの検閲が入った後に公開される
- スマートフォンアプリケーションあり。単なるビューワ

A社は現在、ユーザーとアイテム数を増やすフェーズにある模様です。しかし、1年3ヶ月のサービス期間を考慮すると、それほど成長していない印象があります。阻害要因の1つは、アイテムの登録項目の多さと、検閲による公開にあると考察できます。

デザインはトレンドに沿っていますが、過剰な演出と無駄な階層が多いため、目的のページにたどり着くのに時間が掛かりすぎて、参照しているユーザーはアイテムをきちんと確認することなく離脱しているのだろうと推測できます。

B社サービスの特徴
- バナー広告で収益
- デザインはシンプル。というよりWeb1.0的な感じ
- 動作が早い
- コレクションページはページングあり
- アイテムの詳細にたどり着くまでに3ステップある
- オリジナルコンテンツはなし
- SNSシェアボタンなし
- アイテム登録は写真とタイトルだけ。項目は追加できない
- ユーザー数、コレクション数共に非常に多い
- 検閲なし。すぐに公開される。ユーザー通報型
- 不適切なアイテムが目立つ
- 通報しても削除されない。通報されたアイテムが検閲されているのか不明
- スマートフォンアプリケーションなし

　B社のサービスは、デザイナー不在と推測され、一昔も二昔も前のデザインでトレンドから外れたものです。しかし、キビキビと動作し、機能も少なく絞り込まれているため、目的のアイテム詳細をすぐに表示可能です。

　アイテム登録は、写真とタイトルだけ設定するシンプルな設計です。簡単だけどデザインが酷いため、モチベーションが低下しがちです。

　アイテム登録にすぐに反映され、実質的に検閲されていない可能性が高いです。不適切なアイテムはユーザーからの通報を受けて、場合によっては削除すると説明されていますが、現状は約1/3が不適切なアイテムなので、通報機能は正常に運用されていない印象です。

　不適切なアイテムが多く、それが目的のユーザーも多数存在すると推測できます。本来のサービス目的とは違う目的・意味合いで利用されている模様です。

工数の推定（プロジェクトマネージャー）

　企画書には、リリースまでの計画や必要となる費用も記載するため、まず、ミニマムでスタートでき、ユーザーのニーズに合致するか検証できる最低限の機能を洗い出します。

必要な機能一覧

- ユーザー認証・登録
- コレクションアイテム登録・管理
- アイテム一覧と各種シェア
- フォロー機能
- コメント機能
- iOSアプリケーションで全機能が使える

　ユーザー登録や認証機能は、いうまでもなく必須の機能です。また、コレクションアイテムの登録と管理も最低限必要となり、アイテムの登録項目には再考の余地がありますが、工数算出のために用意します。その他にはソーシャル系の機能を明記します。

必須項目

- 画像　5枚まで
- タイトル
- 詳細

オプション項目

- お気に入り度
- 入手日
- 入手金額
- 関連URL

　オプション項目はコレクション対象によって変化する可能性があります。また、「繋がる」コンセプトを体現するため、シェアやフォロー、コメント機能などのソーシャル機能を用意します。これはどれだけ利用されるか、閲覧だけで終わるのかなどの検証が目的です。

　コレクションアイテムの登録は、写真が撮影でき気軽に使えるiPhoneのアプリケーションも用意して、WebとiPhoneの2つの視点から検証します。

　初回リリース時の機能を絞り込んだところで、サポートとして企画に参加するエンジニアに、ざっくりと工数を算出してもらいます。

　条件としては、iPhoneアプリケーションに1名、Web側にフロントエンドとAPIの最低2名の計3名で実装すると仮定します。

　エンジニアのスキルレベルで大きく変わる可能性は否めませんが、約2ヶ月を要するとの算出を企画書に反映します。

企画作成（プロジェクトマネージャー）

マーケティング調査による、そもそもの潜在需要はあり、今後の伸びも期待できるとの報告から、前述の既存2社のサービス調査結果を踏まえて、企画を練っていきます。

ただし、本当に需要があるのか、サービスの方向性が合致しているのか調査する必要があるため、リーン開発[*1]に倣い、仮説を立てて、MVP（Minimum Value Product）で、検証する方針とします。

競合サービスの分析を踏まえて、企画を作成します。企画提案書は、CTPT（C:コンセプト、T:ターゲット、P:プロセス、T:ツール）を意識しています。

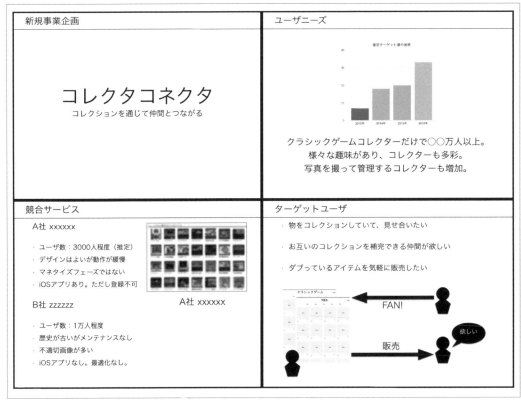

図8-1　企画提案書のサンプル

*1　https://en.wikipedia.org/wiki/Lean_startup

チーム編成（プロジェクトマネージャー）

対象者	参照箇所
● プロジェクトマネージャー	● Chap.2 チームの役割（P.007）

　企画通過後は、実際にチームを編成することになります。本項での企画ではMVPに則り、まず仮説による検証を可能にする機能に絞って、サービスを素早くリリースし、分析しながら細かく改善して検証します。

　なるべく小規模に抑え、小回りが利く必要最低限のチームを編成します。もちろん、無理にメンバーを削ることはしません。

　プラットフォームとしては、Web（パソコン、スマートフォン最適化）、スマートフォンアプリケーションとしてiPhone（iOS版）を用意します。Android版のアプリケーションも用意したいところですが、小規模リリースであるため、日本国内でのローンチであることと、ターゲットユーザー層がiOS寄りとの仮説を検証する意味合いもあり、Android版のリリースは見送ります。

開発が必要なプラットフォーム

- バックエンド（API）
- バックエンド（管理画面）
- Webフロントエンド
- iPhone（iOS）

プラットフォームからのチーム編成

　開発が必要なプラットフォームから、エンジニアの人数を割り出します。4項目あるため4名のエンジニアが欲しいところです。

　企画の段階から参画しているエンジニアに、肌感覚で必要な工数を算出してもらい、管理画面は運用でカバーできる必要最低限にした場合は、APIとフロントエンドのエンジニア各1名で担当できそうとの報告から3名での構成とします。

　その他に、デザイナー1名とプロジェクトマネージャー1名の合計5名の体制で、チームを編成します（図8-2）。

　また、テスターは必要なときにアルバイトもしくは同僚などに手伝ってもらいます。インフラ担当は、必要に応じてヘルプとして参加してもらう交渉をインフラ部門と行い、チームとしてリリースを目指す最低限のメンバーが揃えられました。

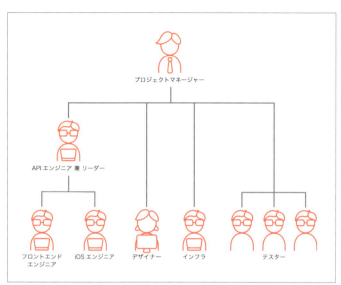

図8-2 初期チーム構成

> **初期チームメンバーと役割**
> - プロジェクトマネージャー
> - デザイナー（Web、アプリケーション掛け持ち）
> - Webエンジニア：API（管理画面掛け持ち）
> - Webエンジニア：フロントエンド（管理画面掛け持ち）
> - アプリケーションエンジニア：iPhone（iOS）

キックオフミーティング（プロジェクトマネージャー）

　チームメンバー全員が揃わずにスタートするケースも多々あります。例えば、エンジニアは他の案件の都合で、参加が1ヵ月遅れになるなどです。

　キックオフミーティングへの参加はもちろん、スタート時から稼働できるメンバーだけの参加でも構いません。

　しかし、確実に合流できるメンバーが決まっているのであれば、キックオフミーティングだけでも参加してもらうことで、合流後すぐ

にメンバーと意識合わせが可能です。
　キックオフミーティングでは、チームメンバーの意識を統一するため、下記に挙げる項目を重視します。

> **キックオフミーティングでのポイント**
> - プロジェクトのコンセプト・概要・目標
> - 各メンバーの顔合わせと自己紹介
> - メンバーの役割
> - プロジェクトの進め方について

コンセプトの共有と顔合わせ（プロジェクトマネージャー）

　プロジェクトのコンセプトや概要、目標を丁寧に話して、メンバー全員にきちんと理解してもらいます。企画書をベースに説明し、疑問点などはその場で回答することで理解してもらいます。

　また、メンバーからの疑問点は回答も含めて記録し、メンバーがすぐに参照できる場所にコンセプトと共に公開します。何かしら行き詰まったときに参照することで、コンセプトに沿った考えを取り戻せることが狙いです。チームの増員やメンバーの入れ替えなど、新しいメンバーの参加時に、既存メンバーと同様の意識を持つための資料にもなります。

　続いて、メンバーの顔合わせと自己紹介です。チームビルディングではメンバー同士をよく知ることが重要です。既に知り合いのメンバーも初めてのメンバーもいるので、それぞれ自己紹介をしてもらい、そこから意図的に話を脱線させて、メンバー間でお互いに人柄を知ってもらいます。この辺りの誘導は難しいのですが、チームビルディングには欠かせないスキルといってもよいでしょう。

　次に重要なことは、メンバーの役割を明確にすることです。特にエンジニアは3名いるので、誰がリーダーとなって物事を決めるのかを話し合って決定します（ここではチーム開発の経験が豊富なAPI担当のエンジニアをエンジニアのリーダーとしました）。

　リーダーが不在の場合、誰にも決定権がないため自由に動いてしまい、最終的にほころびが生まれ、手戻りが発生するなど、チームとしてうまく機能しなくなる恐れがあります。

プロジェクトの進め方（プロジェクトマネージャー）

プロジェクトの進め方を議論して決めましょう。全体ミーティングの開催時期をどうするか、問題発生時の報告・確認方法、コミュニケーションを取るためのツールやナレッジをまとめるツールなど、チームメンバー全員に必要な項目、考えられるすべてのことをあらかじめ決めます。

キックオフミーティング以降、しばらく主役はエンジニアやデザイナーに移って、プロジェクトマネージャーは裏方に回ります。

全体ミーティングやタスクミーティングなど、各種ミーティングの開催時期を、チームメンバー全員とすり合わせて決めます。

例えば、月曜日にミーティングを集中させ、火曜日からは実装に専念できるスケジュールなどです（図8-3）。

また、チームのコミュニケーションを活性化させて、技術の共有を図るために、月1回の勉強会を実施するプランも有効です。

月曜日	火曜日	水曜日	木曜日	金曜日
全体ミーティング	朝会	朝会	朝会	朝会
タスクミーティング				
朝会				
ふりかえりミーティング				勉強会（月の初めの金曜日）

図8-3　ミーティング日程

環境整備（エンジニア）

対象者
- エンジニア
- デザイナー
- インフラエンジニア

参照箇所
- Chap.3 チーム開発のツール (P.041)
- Chap.4 デザインチームの役割 (P.102)
- 5-2 コーディング規約の策定 (P.133)

　キックオフミーティングではリーダーを決めます。本項では経験豊富なAPI担当エンジニアがリーダーですが、プロジェクト進行中はリーダーを持ち回り制にすることも考えられます。ケースバイケースで選択しましょう。

　プロジェクトのコンセプトや目標が決まっているので、早速プロジェクトを進めましょう。

　まずは、タスクをどのように回していくか、デザイナーとエンジニアのやり取りをどうするかなど、プロジェクトを円滑に進める上で必要な事項を決めるべく、ミーティングを開催します。決めるべき項目が多岐にわたるため、何度かに分けて議論しましょう。

プロジェクト開始前に決めること
- コーディング規約
- デザインの依頼と指示書
- タスクの管理手法とツール
- ソースのバージョン管理とツール
- CI/CDの選定
- ユニットテストのボリューム

コーディング規約（エンジニア）

サーバ側

　サーバ側はとにかく早く作ることが必要なので、開発言語はエンジニアが慣れているPHPを選択しています。ただし、チャレンジすべき部分も必要です。

　ここでは事前に調査していたLaravelをフレームワークに選択していますが、まったく調査していない場合は、別のフレームワークを選択すべきでしょう。

　PHPのコーディング規約は、PSR2準拠を選択し、PhpStormで自動整形させることでエンジニアの負担を軽くします。

iOS側

　iOS側はObjective-CとSwiftが選択肢ですが、Swift 3.0リリース直後のため、チャレンジも含めてSwiftを選択します。

　統合環境はApple標準のXcode 8を使用します。サードパーティー製IDEも存在しますが、Storyboard利用を考慮すると、Xcodeの利便性に勝るものはないでしょう。

　コーディング規約は、Apple公式の「API Design Guidelines」をベースにします。

ただし、PHPとは違い自動整形はできないので、エンジニアが注意する必要があるところが気になります。

対象	決定事項	バージョン
言語	PHP	7.0
フレームワーク	Laravel	5.3
IDE	PhpStorm	

対象	決定事項	バージョン
言語	Swift	3.0
対象OS	iOS	9〜
IDE	Xcode	

デザイン依頼と指示書（エンジニア）

　デザイナーとエンジニアのやり取りは、メンバー構成に応じて試行錯誤する必要があるかもしれません。

　本項では、デザイナーにもソースコードのバージョン管理システムを利用してもらいます。これでエンジニアは差し替え漏れを防げる上に、最新画像へのアクセスも容易です。

　また、指示書もバージョン管理システムで管理することで、それぞれ履歴で追い掛けることが可能になります。

タスク管理手法（エンジニア）

　チーム開発手法を学んでいないメンバーでは、スクラムやXPなどの導入は困難です。

　まずは、開発手法のエッセンスを少しずつ取り込みチーム開発に慣れ、徐々に本格的なチーム開発手法を取り入れるべきです。

　最初の段階では、下記に挙げるタスク管理を行い、基礎力を養いましょう。

　各エンジニアの大雑把な管理では、進捗がほとんど見えず、遅延が生じても誰も気付けません。そこでタスクを細かく切り出し、1週間の単位で区切って実装することで、細かい部分の把握を容易にしましょう。

　また、タスクの工数は、エンジニア本人が見積もり、続いて実際の実装を行い、最終的には実工数と見積もりを照らし合わせると、エンジニアの能力を見極めつつ、工数見積もりの精度を向上させることができます。

- タスクはJIRAを使って管理する（チケット管理）
- 1週間毎に実作業を区切る（イテレーション）
- 週の始まりの朝に作業するタスクを決める（タスクミーティング）
- 毎日始業時に進捗ミーティングをおこなう（朝会）
- 工数の見積もりは担当者がだし、実工数との乖離を把握する

バージョン管理（エンジニア）

　タスクの管理と同時に大切なのが、ソースコードのバージョン管理です。本書で解説しているGitとGitHubを採用し、開発フローにはシンプルなフローで慣れるため、サーバ側もiOS側もGitHub Flowを選択します。

　リポジトリは、API・フロントエンド・管理画面・iOSで分割し、各リポジトリのコラボレーターにはエンジニア全員に加えて、デザインの画像ファイル管理のため、デザイナーも登録します。

　Gitの操作は、コマンドラインだけではなく、デスクトップアプリケーションによるGUI操作も許可して、それぞれ扱いやすい方法を選択可能にします。また、最終的には、バージョン管理システムに、インフラの環境構築コードも登録するのもいいでしょう。

CI／CDツールの選定（エンジニア）

　継続的インテグレーションと継続的デリバリーを導入して、常にプロジェクトマネージャー他チーム全員が最新状態で動作を確認できる状態にします。

　「Circle CI」や「Travis CI」でも構いませんが、リリースまでは内部サーバへのデリバリーが主になるため、Jenkinsをインストールしたcl／CD用サーバを内部に用意します。

　サーバはiOS版のビルドがあるため、Macを選択します。当初は内部サーバ1台で、サーバ側のデプロイとiOS版アプリのビルドを捌きます。

　ただし、iOS版のビルドは負荷が高いため、ビルド頻度やジョブの詰まり具合次第で、スレーブサーバの用意か、サーバ側専用のCI／CDサーバを別途用意するか検討しましょう。

ユニットテストのボリューム（エンジニア）

　ユニットテストの経験がない場合は、まずはテストコードを書き慣れるため、ユニットテストを習慣づけることに重点を置きましょう。

　最初は素早くリリースしたい小規模開発なので、将来的に既存のコードを捨てて、作り直すことも問題ないと判断して、コードカバレッジは重要視しない方針を取ります。

　例えば、クラス作成時には必ずテストコード用のファイルも作成し、最小限度でもテストコードを用意することを徹底するなどです。

　ユニットテストの必要性は理解しつつも、慣れていないと高いコストとなるためです。

　また、テストコードのコツは、必ずメンバー間で共有しましょう。

開発環境（エンジニア）

API・フロントエンドエンジニアの開発環境

　サーバ側エンジニアは、手元のOS環境を壊すことなく開発するため、Vagrantを選択します（図8-4）。

　ソースコードを開発機のホストOSと共有することで、コード修正はローカルのホストOSに対するため、スムーズに作業できます。

　Vagrant内では、WebサーバとDBを動かし、コード変更も即時反映されるため、確認や修正が簡単にでき、開発が捗ります。

iOSエンジニアの開発環境

APIが完成するまでは、実際にアクセスできないため、スタブAPIを用意すべくVagrantを利用します(図8-5)。

最終的にはAPIエンジニア作成のコードを使用して、手元の開発環境を構築できることも利点です。

Vagrantで用意できるのはサーバ側だけです。Xcodeを含めたmacOSをゲストOSとして動作させることは、ホストOSへの負荷も高く、快適な動作は期待できないため、現実的ではありません。

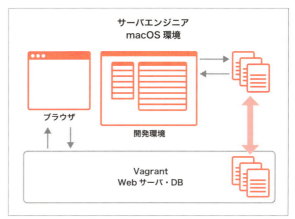

図8-4 サーバエンジニアの開発環境

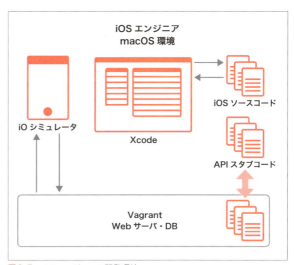

図8-5 iOSエンジニアの開発環境

デザインの進め方(デザイナー)

デザイナーは、WebとiOSアプリケーション双方のデザインを単独で担当するため、効率よくエンジニアと連携する必要があります。

エンジニアの実装開始前に、モックを作成して全体の使い勝手を判断しなければならないため、プロジェクトスタート直後の数週間は多忙になるかもしれません。

また、モックを作成する際、実現可能なの

かデザイナーでは判断が難しいため、iOSエンジニアのサポートが必須です。

なお、Gitを使ったバージョン管理システムはデスクトップアプリケーションでGUI操作であれば問題はないはずです。

サーバ構成（インフラエンジニア）

インフラエンジニアもチームの一員として、プロジェクトのコンセプトや目標を聞き、目標数値などMVPで検証する仮説から想定して、必要な環境を用意します。初回リリースでは大規模なユーザー登録は発生しないと推測して用意した叩き台が下図です（図8-6）。

MVP終了後の本格的なサービスインでは、AWS（Amazon Web Services）に代表されるクラウドサービスなど、容易にスケールできる高負荷に耐えられる構成への変更も検討すべきです。

また、データベースのバックアップや冗長化、別途ステージング環境や開発環境も必要なため、叩き台を元に構築します。

なお、各サーバはAnsibleなどを利用して、コードでの環境構築の自動化を図ります。コード化のメリットは、作業の省力化と何がインストールされるか一目で分かる点です。

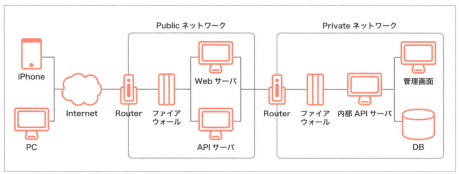

図8-6　サーバ構成の叩き台

CI／CDの構築（インフラエンジニア）

継続的インテグレーションと継続的デリバリーのため、専用サーバを用意してJenkinsを導入します。また、バージョン管理システムにGitおよびGitHubを利用するため、ソー

スコードのバックアップは不要ですが、CI／CDサーバはダウンを考慮して、バックアップを常時作成します。

macOSでは標準のTime Machineでバックアップを取りつつ、Jenkinsのジョブディレクトリを別途バックアップします。これで別マシンへも楽に引っ越し可能です。

実装準備（エンジニア）

対象者
- エンジニア
- デザイナー

参照箇所
- Chap.3 ツール開発のツール（P.041）
- Chap.4 チームでのデザイン制作（P.101）
- 5-3 コードレビューの必要性（P.144）
- 5-5 テストの必要性（P.148）
- Chap.6 自動化とリリース（P.173）

本項でのプロジェクトでは、月曜開始・金曜日終了の1週間でイテレーションを区切り、1週間単位で設計〜実装〜テストを繰り返します。イテレーション開始日には、前イテレーションで実装した機能を、誰でも検証できるサーバにデプロイして、チーム全員で確認して問題がないか、よりよいユーザー体験を提供できないか検討する場を設けます。

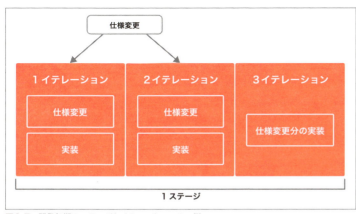

図8-7　開発初期のステージとイテレーションの一例

自社企画での開発フロー

開発初期の段階では、チームビルディングもまだまだな上に、実装自体も手探りな部分が存在する可能性もあります。仮にイテレーションをこなしていても、仕様が二転三転して実装が進まないことも考えられます。

　そんなときは、例えば、前図に示す通り、2回の通常イテレーションと、設計見直しとそれに伴う修正を重点的に実施するイテレーションの3イテレーションを、1ステージにまとめるのも1手段です(図8-7)。

　ただし、これは初期段階における暫定的な構成です。チームビルディングも進み、仕様のブレも収まったときは、改めてステージのあり方を検討しましょう。

コードレビューの検討(エンジニア)

　コードレビューの実施有無はエンジニア間で議論しましょう。特に素早いリリースを目標にする場合は、コードレビューを実施しない意見もありますが、少なくともコーディング規約の確認だけでも開始すべきです。避けていてはいつまでも導入できません。

　また、開発中のサービスはメンバー全員が常に操作可能にすべきです。そのため手動でのビルドやデプロイは効率が悪く、特にスマートフォンアプリケーションでは実機への転送も手間が掛かります。そこで、継続的インテグレーション(CI)による自動ビルドと継続的デリバリー(CD)による自動配信を実施しましょう。

全体ミーティング(エンジニア)

　ここでは、組織内での開発が順調に進んでいるケースを想定して、各種ミーティングのあるべき流れを説明します。

　全体ミーティングでは、前週のイテレーションで実装した部分を実際に操作して、操作性に問題がないかなどをチェックし、修正が必要であれば、その修正内容も決めましょう。

　時には問題がないときもあります。その場合は次のステップまで実装が進んだ時点で再確認します。

　既存の競合アプリケーションの動向や新たに発見された競合サービスの情報を全員で共有します。もちろん、プロジェクトマネージャーなど管理側だけではなく、メンバー全員で常にアンテナを張っているべきです。

　ミーティングの最後には、全体の進捗報告、残タスクと終了の見通しを共有し、実際の進捗と予定との差異を確認します。

タスクミーティング（エンジニア）

　週の始めには、前週の振り返りと今週のタスクを割り当てる、タスクミーティングを実施します。前週の実装に問題がある場合は問題点を共有し、必要に応じて別途ミーティングを設定します。

　次に、前週の実装タスクで、その見積もりと実工数を照らし合わせます。見積もりと実工数に大きな乖離がある場合は、その原因を検討して次回以降に活かします。メンバー全員で精度を確認することを繰り返すと、各メンバーの実装速度が分かり、タスク状況から負荷状況が判断できるようになります。開発が進んだ状況で見積もりが甘い場合は精度を上げる努力をしましょう。

　見積もりの精度を確認し終えたら、今週のタスクを決定します。例えば、新機能の追加が決定された場合は、既存のタスクも考慮しつつ改めて優先順位を検討し、今週のタスクを決定します。

朝会（エンジニア）

　朝一番のミーティングとして、朝会を実施します。このミーティングでは、前日のタスクの作業状況を報告し、本日のタスクを確認します。

　例えば、既に実装済みのAPIを呼び出すフロントエンド側のタスクで、APIレスポンスにも不審な点があるとの指摘があれば、必要に応じて即座に確認し修正しましょう。

　事前にユニットテストのコードを作成していれば、テストの通過を確認できます。すぐにプルリクエストを出して、修正に問題がないかレビューすることも可能です。

実装（エンジニア）

　各種ミーティングが終了すれば、ふりかえりミーティングまで実装作業を行います。

　実装を開始する際は、例えば、「feature/add_favorites」のブランチを作成します（図8-8）。テストの重要性を認識した上で、本項では試験的にテスト主導での実装を試みます。

　スマートフォンアプリケーション（iOS版）のテストコードでは、Xcode標準で用意されているXCTestを使い、クラスとユニットテストのクラスを作成します。続いて、想定している入出力を受け取るテストコードを書きます（コード8-1）。

　ここでテストするのは、指定したアイテムIDをローカルで「お気に入り」として記録するクラスで、UserDefaultsに値を保持し、読み出すことができます。

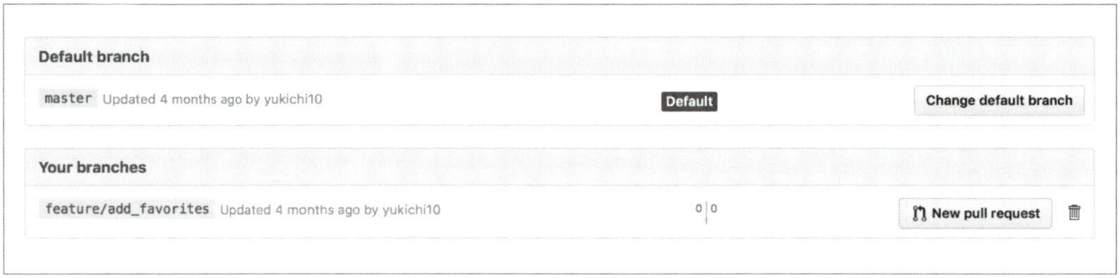

図8-8　作業ブランチ

```
class FavoriteTests: XCTestCase {
    let defaults = UserDefaults(suiteName: Date().description)!
    func testSetterGetter() {
        var favorite1 = Favorite(itemID: 1)
        XCTAssertTrue(favorite1.value == false)
        favorite1.value = true
        XCTAssertTrue(favorite1.value)
        var favorite2 = Favorite(itemID: 2)
        XCTAssertTrue(favorite2.value == false)
        favorite2.value = true
        XCTAssertTrue(favorite2.value)
        let favorite1_2 = Favorite(itemID: 1)
        XCTAssertTrue(favorite1_2.value)
    }
}
```

コード8-1　テストコード

テストコードを実行すると、テスト対象のクラスにはまだ何も実装していないので、テストがエラーになるのは当然です。テストでは、テスト対象のクラスがどんな操作方法でどんな仕様であるか、コードで確認できます。

続いて、クラスを実装します(コード8-2)。

```swift
struct Favorite {
    private let prefixKey = "fav"
    var defaults     = UserDefaults.standard
    let itemID: Int

    init(itemID: Int) {
        self.itemID = itemID
    }
    var value: Bool {
        get {
            return defaults.bool(forKey: makeKey(itemID: itemID))
        }
        set {
            defaults.set(newValue, forKey: makeKey(itemID: itemID))
        }
    }
    private func makeKey(itemID: Int) -> String {
        return "\(prefixKey)_\(itemID)"
    }
}
```

コード8-2 対象クラスの実装

```swift
class FavoriteTests: XCTestCase {
    let defaults = UserDefaults(suiteName: Date().description)!
    func testSetterGetter() {
        var favorite1 = Favorite(itemID: 1)
        XCTAssertTrue(favorite1.value == false)
        favorite1.value = true
        XCTAssertTrue(favorite1.value)
        var favorite2 = Favorite(itemID: 2)
        XCTAssertTrue(favorite2.value == false)
        favorite2.value = true
        XCTAssertTrue(favorite2.value)
        let favorite1_2 = Favorite(itemID: 1)
        XCTAssertTrue(favorite1_2.value)
    }
}
```

図8-9 ユニットテストの通過

クラスの実装が終わった時点で、再度ユニットテストを実行します（図8-9）。

無事テストが通過したら、書いたコードをGitにコミットしてGitHubにプッシュします。

あとは、その他のコミットもまとめて、プルリクエストを送り、チーム内のエンジニアにレビューを依頼します。

レビューを依頼された側は、そのコードに応じて、問題点を指摘したり、秀逸なコードであれば褒めるコメントを返しましょう。お互いのモチベーションアップに繋がります。

図8-10　褒めコメント

ふりかえりミーティング

ふりかえりミーティングは、毎週チームに関して振り返ることで、問題点を洗い出し、よりよいチームにするミーティングです。

例えば、勉強会で共有した技術をプロジェクトに応用できた場合は、その旨を再度確認したり、ユニットテストにおける問題の改善策を再三検討しても改善に向かわないため、別途ミーティングを開催するなどを決定します。

ふりかえりミーティングは、チームビルディングにおいて、良い点も悪い点も洗い出し、いい方向に向けて進むミーティングでもあります。

8-2 受託開発での開発フロー

受託開発では、決められた仕様を渡され、開発のみを担当するケースがほとんどです。

だからといって、チーム開発が必要ではないとは限りません。もちろん、企画への参加はほとんどのケースでありませんが、良い製品を開発することは可能ですし、常にそう心掛けるべきです。そのためにはよいチームが必要です。

本節では、受託開発でのチーム開発の流れをメンバーの視点で解説します。

チーム編成（プロジェクトマネージャー）

対象者
- 営業
- プロジェクトマネージャー

参照箇所
- Chap.2 チームの役割（P.007）

本節では、営業が受注した案件として、テスト的なアプリケーションを作成するケースを仮定します。

案件は規模が大きくない代わりに短納期であるため、即座にチームを編成することを決定します。また、プロジェクトの方向性やターゲット層に関するヒアリングを実施し、単なる受託開発として要求される仕様を満たすだけではなく、ユーザーが何を求めているかを考え、時には発注元への提案も検討します。

受注案件では、本番環境、ステージング環境、テスト環境などが用意されることもあり、その場合はインフラメンバーがチームに加わるのは一時的なものになるケースがあります。

チーム編成

チーム編成時は、まずメンバーの顔合わせと自己紹介です。チームの構成は、デザイン込みの受託であるため、サーバ側のエンジニア2名とスマートフォンアプリケーションエンジニア1名、デザイナー1名です。

全員が同一チームで仕事した経験がある場合は、スムーズな起ち上がりが期待できます。

エンジニア側が3名では、エンジニア内にリーダーの配置も検討すべきですが、同一チームでの経験値があり、それぞれが経験豊富な場合は、意思決定プロセスに支障はないため、フラットなチーム構成でも問題ありません。

プロジェクトの進め方（エンジニア）

発注元とのやり取りは基本的には、プロジェクトマネージャーが毎週ミーティングを行い、進捗報告と仕様で不明な点を確認し、結果をチームメンバーに報告します。

仕様部分に関して迅速な解決が必要な場合は、ミーティングの他にチャットサービスで随時連絡可能な環境を構築することも検討しましょう。

ただし、チームメンバーが直接質問すると、発注元からの仕様変更も直接エンジニアに伝えられ、最終的な取りまとめができなくなるため、必ずプロジェクトマネージャーが窓口になることを徹底する必要があります。

社内ミーティングの開催タイミングは、発注元とのミーティングを最優先に、チームメンバー全員と擦り合わせます。

例えば、発注元との定例ミーティングが毎週火曜日の場合、進捗や問題点の洗い出しを目的に、前日の月曜日に全体ミーティングを実施すべきです。また、発注元とのミーティング後に、メンバーへの報告事項があれば、適宜ミーティングを実施します。

月曜日	火曜日	水曜日	木曜日	金曜日
全体ミーティング	朝会	朝会	朝会	朝会
朝会	発注元とのミーティング			
	共有ミーティング			
	タスクミーティング			
ふりかえりミーティング				

図8-11　ミーティング日程の一例

実装準備（エンジニア）

対象者
- プロジェクトマネージャー
- エンジニア
- デザイナー

参照箇所
- Chap.3 チーム開発のツール(P.041)
- Chap.4 チームでのデザイン制作(P.101)
- 5-3 コードレビューの必要性(P.144)
- 5-5 テストの必要性(P.148)
- Chap.6 自動化とリリース(P.173)

イテレーション

　例えば、毎週火曜日に発注元との定例ミーティングがある場合は、イテレーションは火曜日開始で、翌週月曜日終了の1週間で区切ります。

　1週間単位で、設計〜実装〜テストを繰り返します。イテレーション開始日には、前イテレーションで実装した機能を、誰もが検証できるサーバにデプロイし、チームメンバー全員で確認して、何か問題がないか、よりよいユーザー体験を提供できないか検討する場を設けます。

CI・CDとコードレビュー

　チームメンバーが過去に同一チームで開発した経験があったり、スキル的に余裕がある場合は、コーディング規約を作成し、コードレビューを実施することで、納品するコードの品質向上を図りましょう。高い品質が次回の受注に繋がります。また、チームメンバーのレベル向上にも繋がります。

　また、可能であれば、発注元には常に最新のものを公開し、いつでも操作可能な状態にするため、継続的インテグレーションによる自動ビルドと継続的デリバリーによる自動配信も実施すべきです。

ミーティング（エンジニア）

全体ミーティング

　全体ミーティングでは、Redmineに登録されているタスク、実装終了のタスク、ガントチャートを元に、進捗を報告します。

　また、本日終了のイテレーションで実装した部分を、テスト環境で実際に操作しながら、

仕様と解釈が合致しているかを確認します。

　万が一、問題がある場合は、プロジェクトマネージャーから発注元担当者に連絡します。

タスクミーティング

　イテレーション開始日には、前イテレーションの振り返りと、今週のイテレーションへのタスク割り当てミーティングを実施します。

　タスクミーティングの前には、発注元とのミーティングが開催されます。その共有事項次第では、タスクが大きく変動する可能性が高いため、タスクミーティングは必ず発注元とのミーティング直後に設定しましょう。

朝会

　前日のタスクに関する作業状況を報告し、本日のタスクを確認するために、朝一番のミーティングとして朝会を実施します。

　チームメンバー全員のタスクを確認し、特に問題がなければ、すんなりと終わるミーティングです。

実装（エンジニア）

　実装ではまず作業ブランチを作成し、設計を含めたテストコードを記述します。

　ここでは品質を向上させるためテスト駆動開発を導入します。最初に期待する動きのユニットテストを書き、そのテストが通る通りに実装を進める手法です。

　テスト駆動開発では、必ずテストを書く必要があることと、将来的にも作成したユニットテストの維持コストが掛かります。しかし、成果物の品質を重視するケースでは有効な手法です。具体的な実装の流れを示すと、下図の通りです（図8-12）。

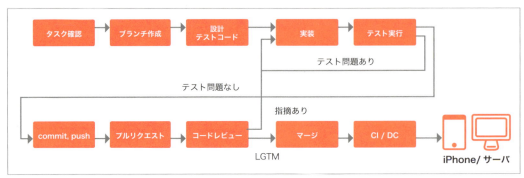

図8-12　実装の流れ

ふりかえりミーティング（エンジニア）

　ふりかえりミーティングでは、KPT（Keep-Problem-Try）を用いて実施します。

　例えば、Probrem（問題点）として、継続的インテグレーションに使用しているマシンのスペックが低いため、ビルドに要する時間が長いと指摘があった場合を想定します。

　iPhoneアプリケーションのビルドのため、CI用マシンにはMacを使用し、サーバも同じマシンでビルドを実行している状況です。

　ここでのTry（解決・改善）は、サーバのビルドとスマートフォンアプリケーションのビルドを分離する案が出たため、CIマシンを別途用意できないか、プロジェクトマネージャーに相談することです。

　ふりかえりミーティングは、チーム開発の改善点が定期的に出てくるので、データとして蓄積すれば、チームビルディングの役に立つことは間違いありません。

デザインの進め方（デザイナー）

　プロジェクト開始後すぐに、デザインテイストなどの確認作業が必要です。

　発注元がアプリケーションに対するイメージを固める時間の意味合いもあり、受注時に仕様が固まっていても、画面モックなど具体的にイメージできる形で再確認すると、ほとんどのケースで仕様変更が入ります。

　そのため、モックでの確認が早期に必要となるので、デザイナーはプロジェクト開始時はいつも忙しいものです。

納品（エンジニア）

　各プラットフォームのソースコードは、Gitで管理しているため、タグを付けた後はZIP形式でダウンロードします。

　READMEにビルド方法など各種の説明を用意しておくと、納品後の検証もスムーズに進みます。

　また、テストケースによるテストも実施している場合は、テストケースとエビデンスを用意します。納品形式は各社まちまちですが、上記は成果物として必要になることは間違いありません。

INDEX

A〜M

Adjourning ステージ	198
Adobe Experience Design	063
Ansible	226
Atlas	089
AWS (Amazon Web Services)	077, 226
Backlog	053
Bitbucket	070
Box	089
Brushup	064
CD (Continuous Delivery)	017, 174, 224, 235
Chatwork	036
Chef	017
Chrome ウェブストア	035
CI (Continuous Integration)	017, 174, 224, 235
Circle CI	224
Confluence	024, 057
Creative Cloud	063
CVS	042
DAU (Daily Active Users)	191
Docker	017, 095
Docker Compose	098
Excel	047
Extreme Programming	004
FDD フィーチャー駆動開発	206
Forming ステージ	196
Git	042, 069, 226
Git Flow	083
GitHub	026, 069, 148, 226
GitHub Desktop	072
GitHub Flow	087
GitHub Issue	053
GitHub Wiki	056
GitHub 互換	070
GitLab	070, 077
Google Analytics	192
Google Cloud Platform	077
Google ドライブ	059
Google ハングアウト	035
Jenkins	176, 224
JIRA	024, 051
KGI (Key Goal Indicator)	191
KPI (Key Performance Indicatior)	192
KPT (Keep-Problem-Try)	030, 237
LAMP	090, 097
LGTM (Looks good to me)	150
LTS	176
Markdown	038, 058, 059
MAU (Monthly Active Users)	022
Microsoft Azure	077
MVP (Minimum Viable Product)	194, 216
Norming ステージ	197

O〜Z

Office 365	060
PDCA サイクル	192, 202
Performing ステージ	197
Prott	018, 061
PV (Page Views)	191
Qiita:Team	058
Redmine	049, 235
Sketch	066
Slack	038
SourceTree	078
Storming ステージ	197, 210
Subversion	042
TDD	208
TFVC (Team Foundation Version Control)	026
Travis CI	224
Ubuntu	091
UI (User Interface)	008
UI 設計書	115
UI デザイン	102
UX (User Experience)	008
Vagrant	017, 088, 224
VSS	042
Web アプリケーション	002, 008
Zeplin	067

あ行

朝一ミーティング	029
朝会	029, 199, 229
アジェンダ	032
アジャイル	174
アジャイルソフトウェア開発	004, 015, 208
アニメーション	114
アニメーション指示書	123

アプリストア	193
意思疎通	023, 029
イテレーション	004, 227, 235
入れ替え	204
インフラエンジニア	011
ウォークスルー	207
ウォーターフォール型開発手法	003
受け入れ検査	132
運用フェーズ	021
エクストリーム・プログラミング	004, 207
エンジニア	010
炎上プロジェクト	203
オペレーター	010

か行

改善	021, 206
開発環境	224
開発フロー	083, 212
顔合わせ	029
可視化	192
カスタマーエンジニア	011
カスタマーサービス	188
画像リソース	010, 119, 122
活性化	199
カバレッジ	157
環境整備	221
環境変数	181
勘定系システム	002
ガントチャート	005, 049, 053, 235
かんばん	209
企画作成	216
企画立案	212
議事録	034
キックオフミーティング	028, 218
基本UI設計	107, 112
業務委託	015
禁止事項	142
クライアントサーバ型バージョン管理システム	043
クラウドソーシング	015
グラフィック	111
クローン	045
クロスプラットフォーム	013
継続的インテグレーション	017, 174, 224, 235
継続的デリバリー	017, 174, 224, 235
結合テスト	005, 020
更新	142

工数	048, 214
コーディング規約	027, 130, 163, 222, 235
コーディングスタイル	138
コードレビュー	144, 228, 235
コミット	046
コミュニケーション	002, 015, 147, 210
コンセプト	023, 219
コンテナ	095

さ行

サーバ構成	226
サポートカラー	109
実装	017, 019
自動化ツール	176
自動ビルド	174, 228, 235
集中型バージョン管理システム	043
受託開発	012, 132, 233
受託契約	199
詳細設計	019
仕様策定	012
仕様書	018, 162
状態監視	194
情報交換	210
ジョブ	182
進捗	047, 055
スキルレベル	145
スクラム	004, 052, 208
スケールアウト	188, 194
ステージ	227
ステージング環境	187
ストアレビュー	193
スプリント	052, 208
スマートフォンアプリケーション	002, 008
生産性	198
全体ミーティング	029, 220, 228, 234, 235
増員	203

た行

タイアップ	187
代行サービス	190
ダイレクトメッセージ	040
ダウンロード数	022
タスク管理	025, 047, 223
タスクミーティング	030, 199, 229, 236
タックマンモデル	196
チームビルディング	015, 196, 219

239

チーム編成	013, 217, 233	ふりかえりミーティング	030, 232, 237
チームリーダー	009, 014	プル	046
チェックアウト	046	プルリクエスト	046, 148
チケット	026, 047	プレスリリース	189
チケット駆動開発	047	プログラマー	010
チャットサービス	005, 035, 042	プロジェクトマネージャー	009, 013
チャットワーク	036	プロデューサー	009
調査	213	プロトタイプ	018, 061
ティーザー広告	187	プロモーション	021, 186, 189
デイリースクラム	209	分散型バージョン管理システム	043
定例ミーティング	234	ペアプログラミング	208
ディレクター	009	勉強会	031, 200
データベース	019	ポリシー	133
デザイナー	009		
デザイン依頼	222	**ま行**	
デザインガイドライン	027, 104, 119	ミーティング	019, 027
デザインカンプ	116	命名規則	134
デザインコンセプト	102, 106	メディア	190
デザイン指示書	010, 018, 061, 067, 119	文字	110
デザイン進捗管理	064	文字色	111
デザインチェックリスト	124	モジュール構成	136
デザインテスト	103, 124	モチベーション	015, 199
デザインパーツ	018	モック	018
デザインルール	107, 109		
テスター	011, 188	**や行**	
テスト駆動開発	208, 236	ユーザーエクスペリエンス	008
テストケース	011, 018, 159, 237	ユーザー機能駆動開発	206
テストコード	152, 230	ユーザー評価	193
ドメインモデル	207	ユニットテスト	152, 157, 224, 230, 236
な行		**ら行**	
納品	237	ライフサイクル	196
		リーン開発	216
は行		リーンスタートアップ	194
バージョン管理	005, 026, 223, 042, 226	リソース作成	103
配色	109	リポジトリ	024, 044
派遣	015	リモートワーク	015
ビデオチャット	035	粒度	149, 157
秘密鍵	180	リリース	186
ファシリテーター	032	レビュー	149, 193
フィジビリティスタディ	155	レビューサイト	186
プッシュ	046	ロジック	145
プライマリーカラー	109		
ブランチ	045	**わ行**	
ブランチモデル	083, 087	ワイヤーフレーム	115
フリーランス	016		

謝辞

　本書を執筆するにあたり、本当に多くの方々のご協力をいただきました。編集の丸山弘詩氏には企画段階から常に適切なアドバイスと多大なサポートをしていただきました。また、共著者の荻野博章氏には突然のお願いにも関わらず、共著をご快諾いただきました。お二人にはこの場をお借りして深くお礼申し上げます。三宮暁子氏には素敵な表紙カバーと理解しやすい本文デザインを用意していただきました。皆様に感謝いたします。

　また、執筆に集中できる環境を用意して常に気遣ってくれた、最愛の妻に感謝します。妻の理解と支えがあったからこそ、無事に脱稿できました。そして、愛犬の「ゆきち」。病気でも必死に頑張っている姿をみて、自分も頑張らなくちゃと幾度となく奮い立たせてくれました。本当にありがとう。

　執筆にあたり、チーム開発の現状をヒアリングさせていただいた方々、応援してくださった方々、個々のお名前をあげると切りがありません。この場をお借りして、感謝の気持ちを伝えたいと思います。

　最後に、この本を手に取り、そして購入していただき、こうして「謝辞」まで読んでいただいている読者の皆様に最大限の感謝を伝えます。本当にありがとうございます。

著者プロフィール

渡辺 龍司　（わたなべ りゅうじ）
株式会社リブルー 総合エンジニア。2009年よりエキサイト株式会社にて80以上のスマートフォンアプリケーションの開発を手がけ、2016年11月に株式会社リブルーに移籍。iOSアプリケーションに加え、サーバサイドの開発にも携わる。プライベートでは無類のフレンチブルドッグ好き。著書には『開発のプロが教えるSwift標準ガイドブック』『Swift 2標準ガイドブック』（いずれもマイナビ出版刊）がある。

荻野 博章　（おぎの ひろあき）
フェンリル株式会社デザイン部次長兼チーフデザイナー。2009年よりフェンリル株式会社のスマートフォンUIデザイナーとして、iPhone、Androidなど200以上のアプリの企画提案とデザインを手掛ける。著書は『スマートフォンアプリマーケティング 現場の教科書』（マイナビ出版刊）『プロトタイピング実践ガイド』（インプレス刊）ほか。

編集者プロフィール

丸山 弘詩　（まるやま ひろし）
書籍編集者。早稲田大学政治経済学部経済学科中退。国立大学大学院博士後期課程（システム生産科学専攻）編入、単位取得の上で満期退学。大手広告代理店勤務を経て、現在は書籍編集に加え、さまざまな分野のコンサルティング、プロダクトディレクション、開発マネージメントなどを手掛ける。著書は『スマートフォンアプリマーケティング 現場の教科書』（マイナビ出版刊）など多数。

STAFF

- 編集： 丸山 弘詩
- ブックデザイン： 三宮 暁子（Highcolor）
- 本文、カバー図版作成： 荻野 博章
- DTP： Hecula, Inc
- 編集部担当： 角竹 輝紀

基礎から学ぶ
チーム開発の成功法則

2016年12月30日　初版第1刷発行

著者　　渡辺 龍司・荻野 博章
発行者　滝口 直樹
発行所　株式会社マイナビ出版
　　　　〒101-0003　東京都千代田区一ツ橋2-6-3　一ツ橋ビル 2F
　　　　TEL：0480-38-6872（注文専用ダイヤル）
　　　　TEL：03-3556-2731（販売）
　　　　TEL：03-3556-2736（編集）
　　　　E-Mail：pc-books@mynavi.jp
　　　　URL：http://book.mynavi.jp
印刷・製本　シナノ印刷株式会社

©2016 Ryuji Watanabe, Hiroaki Ogino, Hiroshi Maruyama, Printed in Japan
ISBN978-4-8399-6023-0

- 定価はカバーに記載してあります。
- 乱丁・落丁についてのお問い合わせは、TEL：0480-38-6872（注文専用ダイヤル）、
  電子メール：sas@mynavi.jpまでお願いいたします。
- 本書は著作権法上の保護を受けています。本書の一部あるいは全部について、
  著者、発行者の許諾を得ずに、無断で複写、複製することは禁じられています。